模拟自然环境养蝎法

主　编　胡庆华　印文俊
副主编　范雪莹　吕凤娇
编　委　刘玉霞　宁二中　宋师波
　　　　白雪健　邹兴淮　阎　艳
　　　　袁　柱

科学技术文献出版社
SCIENTIFIC AND TECHNICAL DOCUMENTATION PRESS
·北京·

图书在版编目(CIP)数据

模拟自然环境养蝎法/胡庆华,印文俊主编．—北京:科学技术文献出版社,2012.1 (2025.1重印)

ISBN 978-7-5023-6999-6

Ⅰ.①模…　Ⅱ.①胡…　②印…　Ⅲ.①全蝎-养殖　Ⅳ.①S865.4

中国版本图书馆 CIP 数据核字(2011)第 179713 号

模拟自然环境养蝎法

策划编辑:孙江莉　责任编辑:孙江莉　责任校对:张吲哚　责任出版:王杰馨

出版者	科学技术文献出版社
地址	北京市复兴路 15 号　邮编 100038
编务部	(010)58882938,58882087(传真)
发行部	(010)58882868,58882866(传真)
邮购部	(010)58882873
网址	www. stdp. com. cn
发行者	科学技术文献出版社发行　全国各地新华书店经销
印刷者	北京虎彩文化传播有限公司
版次	2012 年 1 月第 1 版　2025 年 1 月第 3 次印刷
开本	850×1168　1/32 开
字数	144 千
印张	6
书号	ISBN 978-7-5023-6999-6
定价	14.00 元

前　言

全蝎是我国传统的名贵中药材，千百年来人们利用其治疗疾病，为人类健康做出了巨大的贡献。多年来，蝎的市场供给多依赖于野生捕捉，但随着农药、化肥的大量使用，野生蝎生态环境受到破坏，再加上人们的大量捕捉，野生蝎种群数量急剧减少。

近年来，随着科学研究的深入，蝎毒被广泛应用于医药、农药等领域，提高了蝎的经济价值。同时随着我国人们生活水平的提高，蝎产品走上全国各大城市的宾馆饭店的餐桌，致使用量急剧上升，造成药材公司、制药厂、宾馆饭店、外贸出口的蝎源不足。为了解决市场供需矛盾，迫切需要人们在加强保护野生蝎资源的同时进行大规模的人工养殖。

由于模拟自然环境养蝎法集哲理性、科学性及效益性于一体，初步解决了人工养蝎所需的温度、湿度及饵料三大问题，已被苏、鲁、豫、皖、辽、冀等省的养殖户广泛采用，产生了显著的经济效益与社会效益。

我国养蝎业起步于20世纪50年代初期，养殖技术至今已经过了多年的锤炼，养殖经验日臻成熟，该技术也得到了进一步配套完善。在全国各地农村，涌现出了不少养蝎技术骨干和专业户。我国的养蝎业正在向着产业化、规模化方向发展。国家科委将人工养蝎作为“星火计划”重点推广，中央电视台农业科技节目及地方电视台反复播放实用养蝎技术资料。这一切都为人们养蝎提供了技术及政策上的保障。

养蝎业同样是一种投资行为，任何投资行为都存在一定的风险，而且一个项目的发展需要一定的周期，在项目发展过程中还会出现一系列的技术和管理问题。同时人工养蝎是一个有技术性的特种养殖项目，需要养蝎户购买相关书籍、参加培训和参观养殖场，了解并掌握蝎的生活习性及活动规律。引种时除到正规场家引种、做好相应的准备工作外，初养规模不宜太大，一般以少至三五百个，多至两三千个为宜。蝎数量太少管理成本相对较高，太多则由于经验不足易造成管理不善而导致意外损失。在平时还要多留心、多观察、多记录、多想办法。在这里告诫养殖户在刚刚涉足养蝎业的时候，那种不顾规模、不顾技术掌握程度而梦想一举成功的做法是要不得的，应当身体力行，脚踏实地一步步从小做起，逐步积累经验。

本书编写组成员在编写过程中收集了大量资料，并深入养蝎场，认真整理养蝎经验，编写了本书，力争为我国养蝎事业做出些许贡献。在此对编写过程中参考了相关资料的作者致谢。但限于编者的实践经验和理论水平，书中存在不妥和错误之处，敬请有关专家及读者批评指正。

编　者

目　录

第一章 蝎养殖概述

蝎又称全虫，是已知最古老的陆生节肢动物之一，属于节肢动物门，蛛形纲，蝎目。全世界约有 1000 多种，我国约有 10 余种，其中东亚钳蝎(图 1-1)(也就是马氏钳蝎，属蝎目钳蝎科，是我国传统名贵中药，常整体入药，所以又称之为全蝎)数量最多，分布最广。

图 1-1 东亚钳蝎雌蝎(上)与雄蝎(下)

在我国，蝎的分布很广。据有关考察研究表明，我国的 10 余种蝎，主要分布在雨水相对较多、气候相对暖湿的温带、暖温带、亚热带及热带地区，而在水分较少的西北内陆则分布较少。近年来，在华南地区及华中地区、西南地区等也均有分布报道，但主要还是分布在山东、河北、河南、陕西、山西、安徽、湖北、辽宁等省。

全蝎是我国传统的名贵中药，全蝎入药已有2000年的历史。蝎体内含有一种类似蛇神经毒素的毒性蛋白，称作“蝎毒”，主治惊痫抽搐、中风、半身不遂、口眼歪斜、破伤风、淋巴结核、疮疡肿毒等。蝎毒对脑炎、骨髓炎、麻风病、大骨节病的疗效也十分显著。目前以全蝎配伍的药方达百余种，以蝎毒素配成的中药达六七十余种，如治疗肢体偏瘫麻木的再造丸、大活络丹、七珍丹、止痉散，治疗面部神经麻痹的牵正散及治疗蛇伤的南通药片等。

除药用外，蝎作为一大名菜早已进了宾馆、饭店，甚至于寻常百姓的餐桌。蝎之所以能够被老百姓接受，是因为它体内含有人体所必需的氨基酸17种，微量元素14种，是一种滋补的佳品，具有调节人体机能，促进新陈代谢，增强细胞活力，对神经系统、心血管、乙肝、肾炎、胃炎、皮肤病及肝癌等多种疑难病症有独特的预防和治疗作用。目前，蝎制品作为良好的滋补和保健食品正兴起于大江南北。

近年来，随着国内外生物医药学、生物化学及分子生物学的发展，蝎毒已被广泛应用于医药、农药等领域，也提高了蝎的经济价值。

我国对东亚钳蝎的人工养殖，起步于20世纪50年代初期，但当时由于缺乏必要的有关东亚钳蝎的生态学和生物学知识，因而收效甚微。进入20世纪70年代以后，山东省率先开展人工养蝎的科研课题，经过10余年的观察，初步摸清了蝎的生活习性、生长发育规律、繁殖规律和产态要求，并开始探索无休眠期饲养法，取得了一定的研究成果。以后，又对蝎的生活习性、食性、生殖、生态等，进行了较全面、较系统的研究观察，初步解决了人工养殖的饵料、生长发育环境和冬眠等一系列问题。

进入20世纪80年代以后，随着农村生产力的解放，在山东、河南等地区的野生蝎主产区，出现了第一次人工养蝎热潮，但由于当时大部分养殖户还没有完全掌握基本的养蝎技术，加之缺乏必要的技术指导与服务，所以真正获得成功并坚持下来的为数甚少。此间一些倒卖蝎种的现象极大地影响了蝎人工养殖业的正常发展，不但挫伤了特种养殖专业户的积极性，而且造成了蝎养殖难度很大的负面影响。自进入20世纪90年代以来，随着市场经济的发展，养蝎业又在我国迅速发展起来，一些养蝎专业户的养殖经验日臻成熟，养殖技术也得到了进一步配套完善。在全国各地农村，涌现出了不少养蝎技术骨干和专业户。目前，我国的养蝎业正在向着产业化、规模化方向发展。

人工养蝎的技术并不难掌握，男女老幼都能干，较之其他家庭副业投入的成本较低。人工养蝎占地面积小，饲养管理方便，蝎的饵料黄粉虫、土鳖虫、蝇蛆等也可人工养殖。因此发展人工养蝎，既能解决市场的供需矛盾，又是一项农村致富的养殖业。

第一节　蝎的形态特征

我国发展的人工养蝎所培育品种多是由东亚钳蝎经人工驯化而成的。

一、蝎的外部形态

东亚钳蝎的整个身体极似琵琶状，全身表面为高度几丁质化的硬皮。雄蝎体长4～4.5厘米，体宽0.7～1厘米；雌蝎体长5～6厘米，体宽1～1.5厘米。野生蝎平均每只体重在1.39克左右，而人工养殖蝎每只则比野生蝎重0.17克以上。背面为灰褐色或紫褐色，腹面为淡黄色，后腹部和毒针的末端均呈灰褐色或紫褐色，其余部分为黄橙色。

动物学上把蝎的身体分为头胸部、前腹部、后腹部三大部分(图 1-2)。头胸部与前腹部组成躯干,呈长椭圆形,后腹部细长上跷如尾巴状。

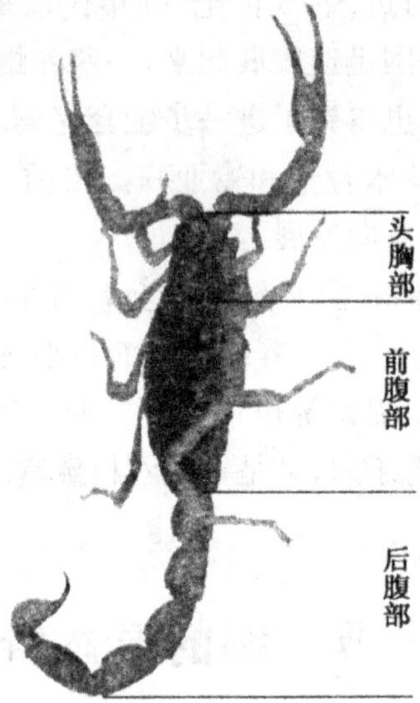

图 1-2 蝎的外部形态

1. 头胸部

头胸部又称前体,由 6 节组成,分节不十分明显,从背面看有坚硬的背甲,前窄后宽,颜色较深,密布颗粒状突起,并有数条纵沟。近中央处的眼丘上有 1 对复眼,两前侧角各有排成一斜列的 3 个单眼,皆为感光器官,均不能成像。蝎虽有复眼和单眼,但视力很差,10 厘米以外的静止的东西基本看不见。头胸部前下方有咀嚼性口器。头胸部两侧有 6 对附肢,靠近口器两侧生有 1 对螯肢,亦称口钳,由 3 节组成,有捕获猎物后对其撕裂、捣碎的作用。螯肢之后是一对触肢,又称钳肢或脚须,由 6 节组成:基节、转节、腿节、胫节、掌节(有一不动指和可动指作捕取食物和感触之用)。

胸部两侧生有 4 对步足，步足由 7 节组成：基节、转节、腿节、膝节、胫节、跗节和前跗节，末端有两勾爪，依靠勾爪附着物体上。步足的后 1 对均比前 1 对长，即第 1 对最短，第 4 对最长。4 对步足的基节相互紧密连接形成了头胸部的大部分腹壁。螯肢、触肢的基节和第 1～2 对步足基节的额叶包围成口前腔的底部。第 3～4 对步足的基节间有一略呈五角形的胸板。

2. 前腹部

前腹部又称中体，较宽，由 7 节组成。背板中部有纵脊线。腹面第 1 节生有生殖厣，由两个半圆形小甲片盖着生殖孔，雄蝎生殖孔内有交配轴，雌蝎生殖孔内有卵巢和贮精囊，仔蝎由生殖孔娩出。第 2 节腹面两侧有栉状器，为短耙状，呈“八”字形排列，上有丰富的末梢神经，是重要的感觉器官。雌蝎栉状器有 16～20 个齿，雄蝎栉状器有 19～25 个齿。第 3～7 体节腹板较大，在两侧有侧膜与背板相连。侧膜有伸缩性，因而腹部可舒张或缩小。第3～6 节腹面的左右各有 1 个圆形书肺孔，分别与相应的书肺相通，是外界与体内气体交换的通道。第 7 节呈梯形，前宽后窄，连接后腹部。

3. 后腹部

后腹部又称末体或尾部，细长如尾状，呈橙色，由 6 节组成，各节呈链状连在一起，能向上和左右卷曲活动，但不能向下弯曲，俗名叫“蝎尾或毒子”。前 4 节有 10 条隆背线，第 5 节最长，颜色特别深，只有 5 条隆背线，末端下面正中央有一小孔，为肛门。第 6 节为一袋状的尾节，内有 1 对白色的毒腺，最后方为一尖锐毒针，毒针近末端靠近上部两侧各有 1 个针眼状开口，与毒腺管相通，能释放毒液，有麻醉动物和毒死动物的作用，是御敌自卫和攻击对方的武器。

二、蝎的内部构造

蝎的内部构造主要包括运动系统、循环系统、消化系统、神经系统、呼吸系统、生殖系统、排泄系统等。

1. 运动系统

蝎的运动系统由外骨骼和肌肉组成。

蝎的体壁仅包括一层上皮细胞，整齐地排列在基膜之上，由上皮细胞向外分泌坚实的表皮层，覆盖着整个身体，起着保护及支持作用，这就是它的外骨骼。由于身体是分节的，外骨骼也是按节形成的，在每个体节内，外骨骼分割成独立的骨板（包括 1 个背板、2 个侧板及 1 个腹板），以易于节内的运动，分离的骨板可愈合而使界限消失。在节与节间有节间膜相连，关节膜外表皮层极薄，易于弯曲，不运动时折叠在前一体节内。蝎体壁的表皮细胞向体内折叠，并向内分泌角质层而形成内突，它是肌肉的附着点，其作用与脊椎动物的骨骼很相似，因而称为外骨骼。

蝎的外骨骼分为 3 层。最外面的一层为上表皮，极薄，仅有 0.1～1 微米厚，由蛋白质及脂类物质组成，可防止体内水分的蒸发。上表皮之内为外表皮，是由几丁质与蛋白质结合在一起形成糖蛋白所组成。糖蛋白经过鞣化使结构更坚固，同时在外表皮中沉积有碳酸钙与磷酸钙而使之骨化变硬。所以，外表皮虽然很薄，但很坚硬，具有良好的保护作用。外表皮之内即为很厚的内表皮，主要由几丁质及少量蛋白质组成。几丁质是一种柔软的物质，内表皮未经鞣化，也很少有钙质沉积，因此本身柔软而富有弹性。另外，有一些细的管道穿过整个表皮层，直接开口到外界，它是上皮细胞层中的腺细胞输送分泌物的通道。外骨骼的外表皮中，沉积有黑色素等。

许多肌纤维连接成肌肉束，附着在外骨骼的内突。肌纤维为横纹肌，因而，当肌肉迅速收缩时，就会牵引外骨骼，从而产生运动。

2. 循环系统

蝎的循环系统包括心脏、血管、血窦及血液。

蝎心脏位于蝎体的背方，包围在心膜中。剪开蝎的背板，在肠的背面可见到一条紧贴于背板的乳白色小管，活的蝎还能看到其有规则地跳动，这就是蝎的心脏。心脏分成8个室，每室都有一个呈小漏斗状的心孔，血液都由心孔进出心脏，心脏向前、向后及两侧发出大的血管及其分支通向全身各处。

蝎在胚胎发育的早期，曾出现过按节排列的体腔囊。但孵化后，真体腔大大地减少、消失，仅残存于生殖腔及某些特殊的排泄器官中，如基节腺。而体壁与消化道之间的空腔由部分真体腔及囊胚腔形成，因此常称为混合体腔。因其中充满血液，也称为血腔，实际上它是一种血窦。蝎因为有血窦，所以血液并非在一条密闭的血管中流动，这种血液循环称作开放式循环。蝎的血液含有能变形的血细胞及在血浆中的血清素和抗体。血清素与氧的运输有关。

3. 消化系统

蝎的消化系统由消化道和消化腺组成。

蝎的消化道较为简单，分为前肠、中肠和后肠三部分。前肠包括口、咽、食道及胃。口位于头前端的口前腔之中，它细小、无颚、无齿，只为食物的进口，无咀嚼消化食物的功能。咽、食道和胃呈短管状，胃壁以强大的肌肉附着在背板上，因而有很大的吸吮力，将液体食物吸进消化道并运至中肠。中肠包括中央的中肠管及两侧的盲囊，盲囊呈黄褐色且连成一串，用于贮存液体状的食物。蝎蜕皮前和冬眠苏醒后，由于营养物质转化或消耗，此时的盲囊也因液体食物的减少而变得细小。另外，孕蝎在受精卵发育初期，也由于胚胎小，加上积蓄的大量液体食物未消耗掉，盲囊的体积大，占去了绝大部分的空间，但到了临产前，胚胎发育长大了，也消耗了盲囊中贮存的液体食物，因而盲囊体积变小。由于盲囊有贮积液体食物的作用，因此蝎有较强的耐饿能力。中肠管为食物消化吸收的主要部位。中肠之后为后肠，又称直肠，没有消化吸收的残渣进入后肠。后肠的功能主要是继续吸收和排泄。蝎的直肠有特殊的直肠垫，能从食物残渣中吸收水分，保持体内水分的平衡。后肠相对于中肠而言要细长一些，这与它继续吸收和排泄功能是相适应的。直肠最后是肛门，粪便通过肛门排出体外。

蝎的消化腺主要有唾液腺和肝脏。唾液腺位于食道下方，呈葡萄状，进食时能分泌出大量的消化液进入被捕的食物体内，消化液中含有大量的消化酶，能对食物进行体外消化，经过消化酶的作用将固体食物初步消化成浆状后才被吸吮入消化道。另外，在中肠内侧有一个肝脏，并有细管与中肠相通，它分泌的含有各种消化酶的分泌物通过细管流入中肠，与中肠壁内小腺体产生的消化酶对浆状食物进行彻底的消化，然后吸收营养物质。

4. 神经系统和感觉器官

蝎的神经系统由脑、腹神经索、腹神经节及其分支神经组成。

脑包括脑神经节和咽下神经节，以及连接脑神经节和咽下神经节的咽神经。脑神经节又称咽上神经节，不发达，呈双叶形，位于食道的背面，分支到触肢和步足。由脑神经节分出一对神经纤维，绕过食道形成围咽神经，并和咽下神经和腹神经索相连。腹神经索呈索状，是由咽下神经节向后伸出的纵神经，具有 7 个腹神经节，即腹部的每个体节上都有 1 个腹神经节。每个腹神经节又分支出神经到本体节。蝎这种神经系统的整体似索状，故称索式神经。从脑神经还分支出许多分支神经，分别到达眼、栉状器、附肢和生殖厣等处。

另外，在脑的神经节以及腹神经节中，往往集中了成丛的神经分泌细胞，它无特殊的导管，其分泌物直接进入血液中，属于内分泌激素。这种激素与蝎的蜕皮生长，以及生殖细胞的成熟有关，也与蝎的发情、交配等行为有关。

感觉器官为感觉神经末梢的特殊结构，能分别接受体内、外环境中的某种特殊刺激，并能将其转变为神经冲动，沿传入神经传到中枢而产生相应的感觉，从而使蝎对环境的各种信息做出有利于自身生存的机警敏捷反应。蝎的感觉器官有眼、栉状器以及身上神经的“毛”。

蝎有1对中眼和3对侧眼，其中中眼比侧眼发达，但它们都是单眼。每个单眼由角质晶体、表皮层、杆状细胞和网状细胞所构成。单眼的视力很差，一般只能在很短距离内识别交配中的配偶或近身旁活动的小动物，基本上没有搜寻、跟踪、追捕食物的能力。单眼有敏感的感光能力，蝎靠单眼能感知光线的强弱，对强光避而远之，而对弱光却往往又有趋向的行为。

蝎全身表面遍布触毛，在附肢表面最多，这种毛基膨大形成球状，里面有很多感觉细胞，只要它们受到刺激就很快传入神经中枢，然后神经中枢发出“命令”，调控蝎的行动。由于感觉细胞不同，毛的感觉功能有所区别，如专门感觉触角的触毛，靠触毛可以识别地面的震动、爬走在路上的异物等。还有专门的听觉感受器——听毛，着生在步足上，它可以接受气流和低频率的空气振动，所以能感知外界环境中的各种噪声，并且立即逃避躲藏。另有味觉感受器——味毛，它位于步足的末端和触肢上，蝎接触到小动物时，能嗅出小动物是死是活，一旦嗅出死的动物时，往往拒绝捕食。蝎也能嗅出外界环境中各种有害气味如农药、酒味等而逃走。蝎交配时，公蝎能够嗅到母蝎散发出的性诱集素，而前往与母蝎交配。此外，在蝎的外骨骼还有感知和传递机械压力的信息，为蝎选择蝎窝、向前或向下爬行起决定性的作用。

蝎腹部的栉状器中也布满了神经末梢和感觉细胞，也是特殊感觉器官，有感觉维持身体平衡和感知异性的功能，在母蝎交配时栉状器在传递精荚时起决定性作用。

5. 呼吸系统

蝎的呼吸系统由书肺、气室及书肺孔组成。

书肺位于第 3～6 腹节的书肺孔下面，每节 1 对，共有 4 对书肺。书肺是由腹面体壁内陷而成的囊状结构，囊的前壁向囊腔内陷折叠成数十页的薄片，形似书页，故称书肺，片内布满血管，血液流通量大，气体交换就在片内进行，书肺折叠成片状，可扩大气体交换的面积。片与片之间有几丁质柱将其分隔开，保证气体进出畅通无阻。囊腔的后壁则形成一个较大的腔隙，故称气室，这个气室与薄片间的空腔相连通，并通过呈一横列的书肺孔通向体外。在体腔内有肌肉连于气室的背壁，肌肉的伸缩可使气室扩张或收缩，从而使气体进出气室，完成呼吸动作。新鲜空气中的氧气扩散到血液中，通过书肺中的微血管进入心脏，供应全身，同时血液中的二氧化碳则扩散到气室排出体外。一旦堵塞了书肺孔，蝎就会窒息而死亡。所以要避免蝎窝过于潮湿，以防书肺孔被泥土阻塞。

6. 生殖系统

蝎的生殖系统的四周皆被消化腺的盲囊所包围。生殖器官的开口（生殖孔）位于前腹部第 1 节的腹面，外有生殖厣覆盖。蝎的生殖系统雌雄有别。

（1）雄性生殖系统：雄性生殖系统包括精巢、输精管、贮精囊、交配轴、雄性孔和附属腺。雄性的精巢位于消化管的腹面，左右各 1 个，未愈合，分节明显，呈梯形。精巢各连一条细长的输精管，管的末端通入膨大的贮精囊，交配轴与贮精囊相连，交配轴有一叉枝，由叉枝颈部折回部分与输精管呈并列折叠形式，也贮存于盲囊间。进行交配时，交配轴展开伸直，从生殖孔伸出，当交配轴全部裸露于体外后，贮精囊的精液排入交配轴，排精后交配轴自叉枝颈部断裂，遗落在地面。另外，在输精管及贮精囊的外周有精荚腺、固柱腺，统称为附属腺，能分泌黏液，黏液与精子一起构成精液团。精液团为蓝色，呈球状，故称精球。另外，黏液将交配轴包起来，形成一个略成棒状、长约1厘米的精荚，交配时就靠精荚传送精液。

(2)雌性生殖系统：雌性生殖系统包括卵巢、输卵管、纳精囊（又称受精囊）、生殖腔和雌性孔。卵巢位于消化管的腹面，呈网状，由3根纵管和5根横管交互连通而成，并在四周管子上附着圆形的卵，数量很多，形体可见。受精卵可移入网格内，依附在卵巢管外壁进行孵化，至孵化成仔蝎后，从前向后依次娩出体外。在网状卵巢的一端，两侧头上各有一输卵管连出，输卵管很短，通入膨大的纳精囊。生殖腔靠近雌性孔，它与子宫作用不同，只用于接受交配。生殖腔与两侧的膨大纳精囊相通，是供交配的器官。雌性孔和雄性孔统称生殖孔，位于前腹部第1节的腹面，外有生殖厣覆盖。

7. 排泄系统

蝎的排泄系统由2对马氏管及1对基节腺组成。

马氏管呈细长的管状结构，壁薄管细，其直径仅100微米左右。管的末端有小分支，呈游离的盲管，管内壁有许多纤毛，另一端开口于中肠和后肠的连接处，呈囊状体，囊内外有丰富的毛细血管，两端之间有弯曲盘旋的细管相连。整个马氏管游离在血窦之中，马氏管从血液中吸收代谢产物，借纤毛的摆动将收集到的废物变成尿液送至肠腔中，与粪便一同排出体外。

基底腺即体腔囊与体腔管，一端开口于步足的基部，有排泄孔通体外。蝎在胚胎时有多对体腔管，长成蝎时只有第5节的1对形成基节腺。幼蝎的基节腺有排泄功能，但到了成蝎时基节腺往往退化失去排泄功能。体腔囊从血液中吸收各种代谢产物，从排泄孔排出体外。

第二节　蝎的生活习性

1. 野生习性

野生蝎多栖息在山坡石砾、近地面的洞穴和墙隙等隐蔽处。在蛇、蜥蜴、蟾蜍、螳螂、黄鼠狼、老鼠和蚂蚁多的地方，野生蝎很少能安定栖居。蝎为穴居，其一生绝大部分时间都在蝎窝中度过。蝎窝一般为泥石构成，泥土是蝎窝的主体成分。蝎窝有空隙，可往下通 30～50 厘米，以便蝎冬蛰越冬。下雨时，蝎可爬到上面；天气炎热、干燥或越冬时，可以往下移动。蝎喜欢栖息在干燥处，但觅食时常到潮湿多虫处。

蝎的呼吸器官和生殖系统均在身体下部，因而最怕水浸。蝎窝下绝对不能有水沟、水窝。人工养殖时，加水要选在白天，一次喷水不要太多，饲养土有些湿润就行。给蝎提供饮用水，用小盘盛几块吸水海绵等就行。

蝎对土壤的酸碱度反应比较敏感，要求土壤以中性为宜，pH 值在 7 左右，一般不超过 9，不低于 5。

2. 对声音的负趋性

蝎喜欢在阴暗、潮湿、隐蔽、安静的环境中栖息。对声音有负趋性，胆子非常小，稍有一点声音，就会引起群体骚动或惊慌逃窜。如正在吃食的蝎听到声响后，有的会弃食而逃，有的则钳着食物惊慌地跑进窝穴中；正在交尾的蝎则中止交尾；产仔的将产下的仔蝎扔下不顾而逃之，也有的母蝎会将爬到背上的仔蝎甩掉，更有的会引起相互残杀。了解蝎对声音的负趋性后，在选择养殖场时，一定要避开噪音，将养蝎场建在较安静的地方为佳。

3. 捕食特性

蝎为肉食性动物，喜食体软多汁的昆虫，如黄粉虫、地鳖虫、蜘蛛、蟑螂、蝗虫、蛾类幼虫、蝇蛆等。对新鲜的大动物的肉类也喜食，但不如活虫体爱吃。在缺食物的情况下，也可供给配合饵料作补充。为防止摄取高脂肪食物而引起的肢节肥大，所以应尽量供给高蛋白、低脂肪的食物。

当温度在 30℃以上时，仔蝎出生 10 天左右才捕食，此时的仔蝎最喜食幼小黄粉虫、地鳖虫若虫等昆虫。不同状态下的蝎，其捕食量也有差异。刚产过仔蝎的母蝎食欲较强，食量较大；刚与母蝎分离后的仔蝎食量也大，一般一次可以吃掉与它同等体重的食物。

蝎的取食时间大多是在晚间，一般从黄昏到夜间 12 点是蝎活动的高峰期，在黎明以前就回窝栖息。蝎发现目标后，隐蔽地迅速接近，突然用强大的触肢抓住，并用螯钳夹住，咬食目标。取食一般在窝外进行，也有时带部分残体回窝继续取食。

蝎的日常进食有一定的周期规律性。这是由于蝎体内营养消耗过程中的因子所决定的。盛食期蝎大量进食后，体内获得的营养较多，其中有一部分供应其正常的生理活动所需，另一部分则以糖原或脂肪的形式贮积起来。此后便进入弱食期，出现食欲降低、食量减退的现象。几天后，正常的代谢消耗使盛食期贮积的营养耗尽，就又进入盛食期。如此周而复始，盛食期与弱食期交替出现。特别是成年蝎，其日常进食的周期规律性交替更为突出。

蝎的耐饥能力很强，这是由于其胆小畏光、视力很差、行动不灵活、捕食能力低等生理功能，致使其在自然界中经常处于时饱时饥的状态，从而长期进化形成特别的生物学特性。一般情况下，蝎只需 3～5 天捕食 1 次，饱食后可维持 10 天以上不再取食。据人工养殖条件下试验观察，在不给食、不供水的情况下，蝎能够存活4～5个月甚至更长时间，只是不能正常生长发育。

4. 自相残食性

蝎生来就有弱肉强食、自相残杀的劣性，但在饵料充足的条件下，一般不会互相残杀。出现相互残杀现象，往往是因食物不足、缺水、干燥、密度过大、大幼蝎混养、强弱蝎混养或不同生活环境的蝎碰到一起时互相残杀所致。故在养殖时要特别注意供给充足的食物，提供适宜的湿度，并且设置无数单个的窝穴，这是养蝎成功的关键。蝎在活动期要注意尽量分散，这样有利于蝎捕食、蜕皮、交配和产仔。

5. 蜕皮特性

幼蝎出生后需蜕皮 6 次，7 龄达到性成熟，在自然条件下这段时间约需 3 年，幼蝎出生后第 4 年的夏、秋季才能繁殖。

幼蝎蜕皮条件主要与食物和外界环境因素相关，只有第一次蜕皮时间比较一致，其他蜕皮间隔时间在个体间差异较大。幼蝎蜕皮时，要求温度 25～35℃，土壤湿度 10%～15%，为了保证这样一种环境，幼蝎往往向地下迁移至距地表 5～10 厘米处蜕皮。密度过大时，可能发生未蜕皮幼蝎吃食正在蜕皮的幼蝎的现象。蜕皮时间一般在 3 小时以上，刚刚从旧躯壳中蜕出的幼蝎，静止不动，形同死蝎一般，6 对附肢整齐地叠放于腹面。很快，“死蝎”复活，蝎体迅速膨胀扩大，身体伸长，附肢展开，并开始活动。

6. 冬眠习性

休眠是蝎为适应自然气候变化的特有的生理机能，所以当自然气温下降到 10℃以下时，蝎的生命活动减弱、代谢功能下降。当气温降到 8℃以下时，也就是在 10 月中下旬，蝎开始入蛰冬眠。翌年的清明节前后，也就是 3 月底 4 月初，当气温升到 10℃以上时，蝎起蛰，恢复生命活动。

当气温升高到39℃以上时，蝎也不吃不动，处于休眠状态。这种现象称为夏眠或伏眠。当气温降到39℃以下时，便开始活动寻食。蝎的夏眠在热带地区常见，在温带或寒带地区少见，甚至不出现。

蝎的冬眠是在常温人工养殖时或温寒带地区的野生蝎的自然规律。冬眠时间的长短，随气温的变化而变化。气温在10～39℃以内的时间越长，蝎的冬眠时间就越短；气温在10～39℃以内的时间越短，蝎的冬眠时间就越长。

蝎冬眠的适宜温度为2～3℃，低于0℃时，蝎易受冻害而死亡。泥沙的适宜湿度为10%～15%，湿度过大会降低蝎的耐寒性能，过低时会因蝎体缺水而干死。

蝎在冬眠前1个多月，食欲旺盛，食量较大，以便增强体力贮积养分，准备越冬。如果在这个时期，蝎捕食不到足够的食物，饥饿入蛰，往往由于营养缺乏，蝎体瘦弱而坚持不到起蛰时就中途死亡，或在起蛰后，气温在10～20℃，活动能力、食欲和消化吸收机能较差时死亡。所以人工养蝎，在冬眠前一定要加强饲养管理，喂足喂好食料，使蝎有足够的营养贮积，以供冬眠期间维持消耗。采取恒温养殖，可改变蝎冬眠的特性，提高蝎的产仔率和成活率，减少死亡率。

7. 活动规律

人工养蝎的活动受季节影响明显，不同季节活动各具特点，即使不同一季节，也受到温度、湿度、光照的强烈影响。

(1)季节性活动特点：蝎的活动，受季节影响很大，表现出明显的季节性活动特征。

晚春至初夏，蛰伏的蝎结束越冬，开始起蛰。当温度上升到10℃以上时，慢慢从冬蛰室爬出，向上运动，并开始外出取食、晒太阳，以恢复身体机能。

初夏至初秋，整个季节里温度较高，蝎的活动也最剧烈，充满活力。蝎在夏季里，经常外出觅食，并出窝爬行、玩耍，在感觉温度较低时爬出来倒悬在石板下晒太阳，并在此期常常发生蝎群内个体之间打架、斗殴及相互残杀现象。

到了秋天，蝎活动明显减弱，活力消失，行动迟缓，不爱动，且取食频率降低，在外面很少见到蝎类爬行。

冬天来临，当气温降至10℃以下时，蝎的窝外活动即告停止，钻进蝎窝，把代谢机能降到最低限度，并顺冬蛰通道爬入冬蛰室，开始冬眠。一直到来年晚春，才缓缓爬出地面。

(2)昼伏夜出特性：生长期蝎昼伏夜出，白天躲在瓦下或缝隙中，极少出来活动。一般在黄昏后出来活动，黎明以前返回窝穴内栖息。利用其活动规律，人工养蝎在晚间投食喂水即可。

蝎行走时，尾部平展，仅尾节向上卷起；静止时，整个尾部卷起，尾节折叠于前腹部的背面或卷起平放于身体的一侧，毒针尖端指向前方。受刺激后，尾刺迅速向后弹，呈刺物状态，毒刺碰到实物时，便排出毒液。

第三节　蝎对环境的要求

总结我国养蝎的经验，目前影响养蝎业发展的主要因素就是人工养蝎改变了其生态环境及生活习性，人为状态下营造的生态环境多数不适合蝎的生长发育和繁殖。特别是蝎环境因素的协调和控制，一般不易掌握，它是影响我国养蝎技术根本性突破的原因所在。只有充分了解蝎环境因素对蝎的影响，创造出一个更适合蝎生长发育和繁殖的生态环境，养蝎才会成功。

1. 温度

蝎属于变温动物，缺乏自我调节体温的功能，其体温只能随着周围环境温度的变化而变化。在它的生活中，温度起着重要作用，交配、产仔、生长发育以及休眠越冬等均需在适宜温度下进行。

温度在 0～10℃时，蝎会失去活动能力，不食、不动，开始入蛰休眠。休眠期内的温度以 0～7℃较为适宜，日温差最好不超过 6℃。

温度 10～12℃时，休眠的蝎开始苏醒出蛰。假如休眠期内的温度一直波动在 0～12℃时，将使蝎处于动静不安状态，势必影响其正常休眠而造成死亡。

温度在 12～20℃时，蝎的活动少，生长发育受到抑制，因消化不良而产生腹胀，并且使母蝎体内孵化期延长和停止交配，孕蝎会由于腹胀造成体内孵化失败从而终身不孕或死亡。

温度 20～38℃是蝎生长发育适宜温度。但如果在 20～25℃，则初生蝎的蜕变期相应延长，母蝎的产后休养期也相应延长，甚至有时会因气温长期偏低造成母仔双亡。其中当温度在 27～38℃时，其活动量最大，生长发育最快，产仔、交配大都在这个温度内进行。温度在 32～38℃时，初生仔蝎的吸收蜕变期和母蝎的产后休养期最短。但温度超过 35℃时，应注意环境温度的情况。

气温在 40～42℃时，机体水分的蒸发量加大，在得不到及时补充时，极易出现脱水性死亡。当温度超过 43℃时，蝎会很快产生烘干性失水，表现为肢体瘫痪，体懈不收而死亡。

从刚出生的仔蝎到成蝎、孕蝎的各个发育阶段，对温度的要求是不一样的。

刚出生的幼蝎，若气温在 30℃以上，仔蝎在 10～30 分钟便脱壳而出，爬上母体，5～6 天便第一次蜕皮，再经 5～6 天便可离开母体自由寻食。若气温低于 25℃，仔蝎则难以蜕皮而夭折，或者活力不够,爬不上母背而死亡。当温度下降至15～20℃时,第一次蜕皮的仔蝎食欲及活动明显下降,第二次蜕皮难以进行,生长停滞。以后的几次蜕皮同样要求温度在30℃左右最为理想。

孕蝎和临产蝎受温度的影响也很大,当气温低于25℃时,胚胎发育延缓,临产蝎常常发生流产,若昼夜温差超过10℃时流产现象更严重,因此维持25℃以上的恒温是至关重要的。

交配的最适温度范围为30～35℃,太高或太低对蝎交配都会有影响,孕蝎的最适温度范围也是30～35℃。有实验表明,若将孕蝎维持在比正常孕蝎能孵化产仔温度低5℃的情况下,则当年孕蝎不会产仔。

2. 湿度

湿度实质上就是水分的问题。水分是蝎维持生命活动的介质,如消化作用的进行,营养物质的运输,废物的排出,以及体温的调节等都与水分直接相关;同时水也是影响蝎种群数量动态的重要环境因素。

(1)蝎获得、散失和调节水分的途径:蝎对水分的获取主要有3个途径:第一,通过进食获取大量的水分,如黄粉虫体内含水量达70%左右;第二,利用体表、书肺孔从潮湿大气和湿润土壤中吸收水分;第三,蝎体内物质在代谢过程中生成水。前两个途径是蝎体水分的主要来源,因而当环境湿度正常,食物供应充足时,蝎不需要饮水。

蝎散失水分的途径主要有:通过消化、排泄系统排出;通过呼吸系统的气体交换对水分的调节,通过体壁失水等。蝎对水分的调节,主要是通过虫体结构、生理和行为活动等。

(2)湿度对蝎的影响:不同种类的蝎和同种蝎的不同发育阶段,都有其一定的适湿范围,高湿或低湿对其生长发育,特别是对其繁殖和存活影响较大。同时,湿度还可通过天敌和食物间接地对蝎发生影响。

湿度对蝎发育速度的影响远不如温度明显，主要是因为其血液有一定的调节代谢水的能力和在其发育期间食物含水量充足，所以只有在湿度过高或过低而且持续一定时间，其影响才比较明显。

这里所说的湿度有两个方面的含义：空气湿度和土壤湿度。

①空气湿度：大气湿度又称相对湿度，指周围环境的大气湿度。空气中的相对湿度偏高或偏低都对蝎的生长发育有着重要的影响。空气相对湿度偏低，蝎幼龄期蜕皮困难，有的蜕不下皮而死亡。空气相对湿度偏高，会滋生有害细菌和霉菌等病原微生物，诱发细菌性蝎病和真菌性蝎病，从而影响正常生长。

②土壤湿度：指蝎窝内土壤的含水率。蝎绝大部分时间居于蝎窝内，土壤湿度的高低对蝎生命活动影响很大。蝎在正常的环境中，对潮湿呈负趋性，总是爬向干燥的一端。但当窝内长期干燥，体内缺少水分时，便呈正趋性，大多聚集于较湿的一端。

蝎的活动场地应稍潮湿，相对湿度以 65%～75%为宜，栖息地方应稍干燥，相对湿度以 15%～18%为宜。过干或过湿对蝎生长繁殖都不利。冬眠期间的湿度以 10%～12%为宜。空气中相对湿度过高会冻伤蝎。表 1-1 为蝎在不同发育阶段对蝎窝土质含水率的反应。

表 1-1 蝎在不同发育阶段对蝎窝土质含水率的反应

发育阶段	最佳土壤含水率(%)	对过高含水率的反应	对过低含水率的反应
孕蝎	5～10	高于 18%则卵停止发育，组织积水	低于 3% 20 天后卵或胚胎死亡
母蝎	6～12	高于 20%有水肿病发生	低于 4%卵子发育缓慢

续表

发育阶段	最佳土壤含水率(%)	对过高含水率的反应	对过低含水率的反应
2～4龄蝎	7～15	高于25%水肿死亡率高	低于6%生长发育缓慢
5～6龄蝎	7～15	高于25%死亡率高	低于5%生长发育缓慢
母仔蝎	10～17	高于25%成活率低	低于5%大吃小严重
蜕皮期或半蜕皮期小蝎	8～15	高于25%死亡率高	低于6%蜕皮时间延长
冬眠期间	5～10	高于20%死亡率高	

3. 饲养土

蝎大部分时间都在蝎窝内生活，其活动和栖息都离不开饲养土。饲养土主要由固体颗粒组成，其温度、湿度、通气性能、化学成分都不同程度地影响着蝎的生活。由于各种类型土壤的物理性状有着差别，所用的饲养土要选择通气性好，透水性、吃水量均适中的壤土。在农村亦可用老墙土作蝎窝的养土。各种类型土壤的物理性状及对蝎的影响见表1-2。

表1-2　各种类型土壤的物理性状及对蝎的影响

土壤种类	物理性状	对蝎的影响
黏土	通气性差，透水性差，持水量大	不利
壤土	通气性好，透水性适中，持水量适中	有利
砂土	透水量大，持水量小，易塌陷	不利

蝎窝中的养土使用一段时间后，在温室内的高温、高湿环境中，由于剩余食物腐烂、蝎排泄物堆积、水分的蒸发与增补等因素的影响，土壤的物理性质和化学性质都会发生改变。所以，蝎窝中的养土要定期更换，一般每年更换 1 次。

4. 光线

蝎喜阴怕光，对弱光有正趋性，但蝎怕强光直射和阳光暴晒，蝎一生大多数时间是躲在洞穴里休息，它的交配产仔也是在光线较暗的地方进行，只有到了黄昏以后蝎才出来活动觅食。虽然如此，蝎仍然需要借助太阳光来吸收辐射热，这样有利于蝎的生长发育和体内胚胎的孵化。野生蝎通常在早春日温 12～18℃时，开始在距土表 2～5 厘米的缝隙内、厚度 1～1.5 厘米的坡下，吸收日光的热量，称晒暖。因而蝎也不能常年处于阴暗潮湿之中，应当有一定的光照面。

在蝎怀孕期间，房养时若房间光线太强，白天可用布帘将窗户遮挡起来；若房间光线弱，蝎得不到满足时，可利用瓦数小的电灯光来补充。

塑料大棚由于受到墙体和中柱的遮挡、塑料薄膜的反射和吸收等因素的影响，室内的光照时间和强度都明显小于室外。为了充分利用阳光，可以采取下列措施改善日光温室的光照条件：

①建造日光室要选择有利地势，温室结构要合理，使室内各部位均能获得最长的光照时间。

②采用耐老化无滴塑料薄膜。选用塑料薄膜一定要严格，若采用普通的有滴塑料薄膜覆盖，在密封条件下，塑料薄膜的内表面会形成一层细薄的小水珠。水珠为冷凝水，对阳光具有散射和吸收功能，会使室内的光透量减少 30%左右，严重影响室温的提高。另外，水珠凝聚到一定程度时会下滴对蝎造成不利的影响。可选用聚氯乙烯膜(PVC)，该膜适温性能强，耐高温日晒，阻挡地热辐

射能力强，夜间保温性能好，弹性好，且使用寿命较长。

③经常擦抹塑料薄膜表面，保持膜面光洁。

④白天应打开草帘，让室内增加温度和延长光照时间。

这样可使孕蝎得到所需的温度和光照时间，从而加快内胚胎的孵化。

5. 风和空气

(1)风：春季捉蝎季节，若刮西南风，特别是雨后西南风，第二天野外的蝎特多。蝎夜出活动，顺着微风跑得很快，逆风则很慢。刮大风的天气以及暴风雨就要来临的时候，蝎不夜出活动。但在室内养殖的蝎受风的影响不是很大。

(2)空气：蝎靠书肺进行呼吸作用，空气中的氧气和体内产生的二氧化碳通过书肺孔直接进出书肺。蝎房(棚)外界空气中的氧气和二氧化碳的含量直接影响蝎的呼吸作用。如果蝎房(棚)通风不良、空气不流通，就不能使蝎吸入足够的氧气，从而阻碍体内的新陈代谢活动。同时，又由于蝎房内的二氧化碳不能排出而停留在空气之中，这也不利于蝎的身体健康，常会损害身体。所以，室(棚)内饲养蝎时，房(棚)内要开窗(门)，保证空气流通，冬季在房(棚)内用煤炉加温时一定要将废气通到房外，以免蝎发生二氧化碳、一氧化碳中毒而死亡。因为蝎对二氧化碳和一氧化碳特别敏感，易引发中毒。

6. 天敌

野生蝎的天敌很多，有的天敌只在白天危害，有些昼夜均能危害，有的在入蛰休眠时危害。

能在白天危害野生蝎的天敌，主要有鹅、鸡、鸭、鸽、啄木鸟、燕子、喜鹊、乌鸦、麻雀等。

昼夜危害的天敌主要有壁虎、蜥蜴、蛇、蛤蟆、青蛙等。

老鼠是蝎在休眠期内的主要天敌。在人工养蝎环境中蝎处于休眠状态后，一旦有老鼠进入饲养室，则危害更为严重，仅在一昼夜便可以吃掉或伤残数以百计的休眠蝎，有的饲养室内蝎甚至被全部吃光。不仅如此，老鼠还能挖洞掩埋休眠蝎和破坏建筑设备等。

7. 其他

蝎对各种强烈的气味，如油漆、汽油、煤油、沥青以及各种化学品、农药、化肥、生石灰等有强烈的回避性，这些物质的刺激对蝎是十分不利的，甚至会致死。

所以说，人工养蝎即是根据蝎的自然生活习性，人为创造最适合于蝎生长发育的环境条件，保证蝎的环境需求。

第四节 人工养蝎的前景

1. 广阔的销路

由于人们长期的开山造田，矿产资源开发，对农药的广泛使用以及人为的大量捕捉行为，造成野生蝎资源枯竭甚至面临绝种的危险，这与市场对蝎日益膨胀的需求量构成了十分突出的供求矛盾。虽然蝎的价格一涨再涨，全国蝎的产量也仅能满足市场需求量的 30%左右，这就告诉我们蝎已成为市场上的紧俏商品。

2. 成熟的技术

我国对东亚钳蝎的人工养殖，起步于 20 世纪 50 年代初期，该技术至今已经过了多年的锤炼，养殖经验日臻成熟，养殖技术也得到了进一步配套完善。在全国各地农村，涌现出了不少养蝎技术骨干和专业户。因此国家科委将人工养蝎作为“八五星火计划”重点推广，中央电视台农业科技节目反复播放实用养蝎技术资料，为进一步鼓励人们养蝎的积极性。目前，我国的养蝎业正在向着产业化、规模化方向发展。

3. 人工养蝎的便利条件

(1)投资可大可小。

(2)占地面极小，劳动强度少，城乡男女均可养殖。

(3)蝎排粪量少，无臭味，不污染环境。

(4)蝎生命力强，抗病力强，很少遭受病害。

(5)淘汰下来的蝎仍可入药，不影响利用价值。

(6)蝎繁殖速度快，产仔率高。

4. 可观经济效益

蝎是我国珍贵中药材，近年来，又逐步成为餐桌上的美味佳肴，需求量在逐年增大，价格在延续上涨。

随着蝎毒在我国的开发利用，国际市场上蝎毒资源需求量的不断扩大，我国外贸部门对国际市场上蝎毒销售渠道的进一步拓宽，相信蝎毒的提取将给广大养蝎户带来意想不到的巨大经济效益。

第五节　提高蝎养殖成功率的措施

1. 掌握蝎的生活习性

蝎是昼伏夜出的动物，喜潮怕湿，喜阳怕光，有爱钻缝隙的习惯，建窝时应尽量仿拟蝎的野生环境条件。另外，由于蝎吃食物活动时喜欢在潮湿的地方，休息时爱栖息在干燥之处，蝎窝最好建成外湿内干的环境。蝎群养时有相互争食、偶尔残杀的通病，最好采用分池隔离饲养，这样可充分提高养蝎成活率。

2. 种蝎和密度

选育种蝎时要挑个体大、健壮有孕的母蝎和青年公蝎。为避免蝎残杀，放养密度一定要合理。没有养殖经验的初养户，为避开蝎残杀造成养殖失败，可采用盆养、瓶繁、池育的三个分管理模式。此种养法具有提高 2 龄蝎成活率，适宜 3～6 龄蝎发育成熟，成功率较高。

3. 饲料搭配多样化

蝎喜食体软多汁类昆虫，投喂饲料应以肉食性动物为主，昆虫的种类越多越好，因为不同的昆虫含有不同的营养成分，对蝎的生长发育、产仔及脱皮等均有促进作用。无论春夏秋冬，一定要供给足够的昆虫类饲料，投喂食物时一定要定时、定量，可根据蝎群及蝎龄的大小适当供给。除昆虫类饲料外，有条件的可加工成配合饲料。投喂饲料时可在天黑前 1 小时进行。

另外，除满足日常蝎饮水外，还要不断地喂给一些西瓜皮、西红柿等水果类植物饲料，以充分满足蝎的营养需求。如发现有幼蝎脱皮困难猝死时，还应在黄粉虫的饲料里加喂适量的胱氨酸、维生素、土霉素和食母生等，让蝎间接吸收营养。

4. 及时分离各龄蝎

蝎的生长速度和本身的摄食能力大小有密切的关系，即便是同一窝繁殖的幼蝎其生长差异也是很大的。在生长过程中，个体健壮的大蝎容易吃掉体质弱的小蝎，未脱皮的吃掉正在脱皮的残弱蝎，为减少此种情况的发生，可在事先多准备一些场地，将体质强弱不同的同龄蝎分开饲养，经常观察它们的生长情况，始终做到及时分养，规格一致。

5. 温、湿度的控制

蝎属低等变温动物，为提高养蝎的经济效益，就必须采取恒温养殖。实践证明，最适宜蝎生长繁殖的温度为 28～36℃，也只有在这个温度之内蝎的采食量多，生长速度最快。因此，应在蝎养殖棚内或室内因地制宜地装上加温设备，千方百计保持适宜温度。除此之外，空气的相对湿度也很重要，可采用洒水蒸发等方式将湿度控制在 70%～85%。

6. 疾病防治

养蝎时不管规模大小，都应有严格的管理制度和科学详细的生产记录，每天定时观察蝎的活动、捕食、饮水、脱皮、产仔、病害及死亡等详细情况，根据气温及时采取增减温度措施，对伤弱病死蝎要及时诊治处理，定期在蝎的非产期、非脱皮期对蝎窝进行卫生清理消毒，为其创造一个适宜生长的环境条件。

7. 公蝎的搭配及分窝

蝎虽属一次交配终生受孕的特殊动物，但也应合理搭配公蝎，如果母蝎产仔后失配或漏配，将会直接影响以后的母蝎产仔数量和成活率。在孕蝎产仔前，应把公蝎全部捉出，另池饲养，以免公蝎扰乱孕蝎产仔或食仔蝎。孕蝎产仔 30 天后，应及时将公蝎放回母蝎池内，让其自由交配，为下胎产仔打好基础。

另外，为防止血缘近亲交配，同窝繁殖的公母蝎长大后不能交配，以免影响产量，可将公蝎组织起来和其他地方的公蝎互换。

第二章　蝎场规划与建造

模拟自然环境养蝎法是模仿蝎在野生状态下的生活环境，建造既符合蝎的生活习性、生长发育和繁殖条件，又方便于饲养管理的设施或场地。

第一节　场地设计

除利用已有的房舍和塑料大棚进行改造养殖外，新建养殖场舍都要重新选址。

1. 场址选择原则

新建养蝎场首先必须选择一个适宜的场址。在平原地区，应选择地势高燥、沙质地、排水良好、地势稍向南的地方；山区丘陵地区应选择背风向阳、面积较为宽敞、地下水位低、地面稍有斜坡（但不宜过大）。选用坐北向南、北高南低，通风、日照、排水都良好的地方，一方面为蝎房（棚）的保温创造条件，另一方面，下暴雨时不易被水淹。

场地要求未受到农药、化肥等有害物质污染，附近最好没有养鸡场、养猪场、屠宰场、石灰厂等。水源要清洁，一般自来水或深井水均可。

另外，为便于管理，应有可靠的电源供应，同时周围无噪声干扰。由于养蝎事业具有长效性的特点，因而选择的场地条件应具有稳定性。

2. 蝎场布局

场址确定后，要对其进行全面规划。规模较大时一般可分为养殖室、繁育室、饵料室以及管理人员的生活设施等。规模较小时可在房(棚)内两边或四周建大小不同的蝎池(要留出一定宽度的人行通道)，分别饲养公蝎、母蝎、仔蝎，在房(棚)内一角立体养殖饵料虫，并留出花草生长的空间，使动、植物在同一空间内科学合理的分布。

第二节　养殖方式

养殖蝎的方式很多，按规模划分，小规模的有盆养、缸养、箱养，大规模的有池养、房养等；按房屋类别划分有房舍养殖、塑料大棚养殖、温室养殖；按供热方式划分有常温养殖、恒温养殖、半恒温养殖等。这些都是我国劳动人民根据蝎的生物学特性创造出来并在生产实践中应用的方式，但它们又各有特点，所以必须根据自己的实际情况来加以选择。不论哪种养殖方式，基本原则都是模拟蝎的自然生活环境，为蝎创造舒适的生活条件。同时要经济实用、具备加温控温的条件、通风性能好、建筑结构合理，便于观察、投喂和捕捉。

这些养殖方式，在生产中几乎都不是单独应用，而是综合两种或多种方法一起使用。其中最成功和最经济的养殖方式是以房(棚)内加温控温养殖方式，这种模式既适合家庭养殖，也适合大规模养殖。

蝎是一种变温动物，它的体温会随着自然界的气温变化而发生变化，外界气温升高到30℃，它的体温就是30℃，外界气温是0℃时，它的体温也会下降到0℃。因而野生的蝎在每年秋冬季节气温低于10℃时会入蛰冬眠，一直到了第二年春天气温回暖后才会出蛰复苏。蝎喜欢高温，当气温达到25℃以上，蝎才能进入生长期。而气温在30～38℃时，蝎的活动量会明显增大，进食也会增多，生长加快。也只有在35～38℃的环境中，蝎才会交配产仔。这样野生的蝎一年中一般只有5个月的生长期，从幼蝎长到成蝎需要3年的时间，生长速度十分缓慢。考虑模拟自然环境人工养蝎的投资和经济效益，必须创造一个四季温暖的环境，打破蝎冬眠的习惯，让蝎快速成长，而房养或塑料大棚的人工加温控温养殖就能很好地解决这个问题。

所谓人工加温控温池养是使养殖空间的温度始终保持在适宜蝎正常生长繁殖的范围内，而不受外界环境和季节变化的影响，因而又称为“速成养殖”。

人工加温控温养殖和传统的常温养蝎相比，有着很大的进步。首先，它解决了常温养蝎时易出现的“冬蝎春亡”问题，避免了蝎出蛰时的大量死亡，大大提高了蝎的成活率；其次，由于改变了环境条件（主要是低温）的变化对蝎生长发育和繁殖的不利影响，和在相对“恒温”（而不是时高时低的“变温”）条件下养殖，能使蝎的生长发育速度加快，生活周期缩短，即由在常温下需要3年才能发育为成蝎，缩短为只需9～10个月左右即可发育为成蝎；第三，增加了胎产次数，将繁殖次数由常温下的1年1次增加到每年的2次，胎产率也有了大幅度的提高。也就是说，每一实用单位面积的蝎产量，要比常温养殖每年增加7～8倍。所以，加温控温养蝎比常温下养蝎可望获得更高的经济效益，具有更广阔的发展前景。

恒温养蝎与常温养蝎相比，在养殖方式上并无多大差别，但在养殖设备方面，则必须具有在低温季节加温控温的措施，这是恒温养殖最重要的技术关键。通过近些年来的养蝎实践证明，实行科学的饲养，科学的管理，恒温养蝎法的经济效益是十分可观的。

半恒温养蝎法就是从3月底4月初蝎起蛰后，开始人工升温，用7天时间，逐渐升温到33～36℃，始终维持到12月下旬，再用7天时间，逐渐降温到6～8℃，使蝎进入休眠越冬，躲开严寒的冬天和人工升温较难的时期，避免了蝎的死亡难关。半恒温养蝎法养殖蝎，成活率高达90%以上，并减少了母蝎的死亡率50%，既省工省力又降低了养蝎成本，是目前适合家庭和小规模养殖的主要方式。

生产实践证明，恒温养殖需要一定的养殖条件，投资较大；半恒温养殖条件要求相对简单，投资较小，但效益可观，因此本书主要介绍半恒温养殖方式。

第三节　模拟自然环境的场舍建造

一、房舍（棚）的建造

1. 蝎房建造

房舍养殖（见彩图1）是比较常见的养殖形式，在人为的作用下，温、湿度都好控制，且隔音效果好，避光性强，养殖量大。在经济允许的情况下，可兴建专用的养蝎房。当然，也可把空闲的房屋改造后使用。改造时，首先要堵塞屋顶及四壁缝隙、孔洞，把屋顶及四壁用塑料薄膜裹严，并用长木条固定。为利于加温和控温，可适当缩小室内空间，使改造后的屋顶距地面2米左右。地面要打一层混凝土或用砖铺好，以杜绝鼠害。然后在室内合理规划，修建蝎池。

新建养殖蝎房一般可建成长 3～5 米，高 2.5 米，宽 3 米的蝎房，墙厚 23～28 厘米（用砖砌墙时不要用石灰浆，要用水泥浆）。房顶可建成普通的平顶式或双坡式，房顶若用水泥瓦要做成夹层填实，构成绝热层，有条件者可直接采用彩钢瓦（彩钢瓦有配套的保温泡沫）。也可在向阳面用玻璃或双层聚氯乙烯（PVC）无滴薄膜做顶，这样房内阳光充足，温度较高。背阴面可用水泥瓦做顶。

房的正面开一门，门不宜过大，只要够 1 个人通过即可，门的四周与门框之间要做好密封；东、西、北三面留小窗，以利空气流通，但门窗要向外开，窗上应有窗纱，以防外界天敌侵扰，所用纱窗的纱孔不必太小。这样即可保证空气流通，又可使蝎窝内具有足够的光照。研究表明，虽然蝎具有趋暗性，但蝎房内如果自然光线过暗，会影响蝎的生长发育，对繁殖的危害更大。在夏、秋季节可打开窗户，在室内、外安装黑光灯诱虫，供蝎捕食。

北方寒冷地区要在饲养房内周边离墙 10 厘米的地方砌一层二道墙，夹墙空隙中用锯木屑或干细土填紧以利保温。

蝎池建在两侧，中间可留出一条 50～60 厘米宽的人行通道，以利于管理。

由于室内不同区域的温度有一定差别，蝎池的位置应以能充分利用室内最佳温区为原则。据测定，距地平面 80 厘米高度的地方属最佳温区，所以，蝎池底面以高于地平面 70 厘米左右为宜。

房舍建好后，在内墙的四周距离底面 30 厘米处贴上宽为 20 厘米的玻璃条或光滑的塑料板条，建构第二道防逃保障。

2. 塑料大棚的建造

塑料大棚（见彩图 2）又称日光温室，可使自然采光和人工加温控温相结合。白天最大限度地让日光透过薄膜或玻璃进入室内,使这一部分光被吸收而转化为热能;夜间可利用燃料人工加温,从而使室内温度恒定。大棚养蝎就是基于太阳能温室的原理,加以科学的指导,经过长期的生产实践,无数次的改进,逐步探索出一整套养蝎新技术。

(1)位置与方向:塑料棚设计除了参照前面场址选择的要求外,还必须注意几个问题:在选择地势方面要尽量选择高燥处,防止棚外脏水流入棚内;还要避开高大建筑或树木,以免影响太阳光照射;为了更多地利用太阳光照时间,朝向一般以坐北朝南为宜,但各地冬季的主导风向各不相同,棚的朝向一般选择与主导风向正好相反为宜,但最多不能偏离正南 15°,因为偏角超过 15°时,棚内获得阳光照射时间会明显缩短。

(2)建造材料:建造日光温室的材料应根据温室的结构和投资大小而定。考虑经济因素和保温效果,一般以砖木结构为主。所需要的材料有砖(空心砖)、水泥、细砂、蛭石或珍珠岩(保温材料)、中柱、土檩、椽子、木板(1 厘米厚)、稻草、竹子、铁丝、塑料薄膜、压膜线、草苫等。

(3)结构参数:温室结构科学合理有利于加温和控温。首先要注意棚的高度。通常脊高 3 米,宽度和长度可根据养殖规模自定。前墙高 1.3 米,后墙高 1.5 米。前墙的窗户一般长 40 厘米,宽 20 厘米。后墙上的窗户留成方形,边长是 40 厘米。当棚内需要升温的时候,堵上前、后窗户即可。两头山墙除留出门、窗外,砖墙到顶,山墙门高从地面算起高 1.2 米、宽 0.7 米,双层门外加纱门。窗高 1 米、宽 1.5 米,双层玻璃窗外加纱窗。墙的外壁和内壁均用水泥抹严抹光。

塑料膜用聚氯乙烯(PVC)无滴薄膜,一般以 0.2～0.8 毫米为宜。要两层膜,中间夹一层草苫子。因为中间夹了草苫子以后,两层膜中间有了储存空气的缝隙,就可以很好地起到保温的作用。蝎喜欢阴暗的环境,草苫子同时还可以达到遮荫的效果。

(4)日光温室的建造:日光温室主要由地基、墙壁、走廊、蝎池、顶棚、进气孔和天窗等部分构成。日光温室要建成两个室,外室要小,建有火膛和存放物品;内室要大,用于养蝎。

①地基:在建塑料大棚前,先将地面挖深 50 厘米,宽 4.5 米,长可根据蝎养殖规模而定的地框,底部推平砸实。

②墙壁:为了保温,北方地区日光温室的墙壁若用砖建造必须建成双层夹心式,即外层建 24 厘米厚的墙,内层建 18 厘米厚的墙,中间留 18 厘米宽的夹缝,用蛙石或珍珠岩等保温材料填充。若用空心砖建造,可直接在空心砖内填充蛙石或珍珠岩等保温材料。南方地区可根据温度条件适当从简。

③走廊:蝎池间应留出人行道,宽度以 50～60 厘米为宜。

④蝎池:室内留出人行道后,剩余部分用来建造蝎池。蝎池底面同样高于地平面 70 厘米左右。

⑤顶棚:顶棚建成起脊式,用中柱支撑。南坡用竹竿做骨架,扣以聚氯乙烯无滴薄膜,上覆草苫,苫上再铺一层膜。北坡用檩、椽木建造,木板、草泥、稻草等物覆盖。

⑥进气孔与天窗:为了创造一个良好的空气流通环境,应在日光温室内设置进气孔和天窗,以保证室内有足够的新鲜空气。进气孔的内径一般为 20 厘米,设置在主火道两侧,与主火道平行。这样,室外部分冷空气进入室内时,通过火道近旁高温的加热而变暖,不会因空气流通而降低室温。天窗设在北坡,每个间隔 5 米左右的距离。天窗大小以 40 厘米见方为宜。

⑦塑料大棚建好后,在大棚内墙的四周同样贴上宽为 20 厘米的玻璃条或光滑的塑料板条或全面用塑料布封严。

二、蝎池的建造

养殖规模无论大小都要建有商品蝎池、幼蝎池、种公蝎池和种母蝎池，数量根据养蝎规模和数量而定。

1. 商品蝎池的建造

商品蝎池的建造，可根据蝎房或大棚的大小和高低在室内用砖砌成池子。蝎池由砖和灰浆砌成，灰浆不能用石灰浆，要用黏土浆或水泥浆。池底除高于地平面 70 厘米外，蝎池一般宽 60～80 厘米，高 30～50 厘米，长 1 米左右为宜。建池时蝎池不要建得太大，太大不易操作管理，且放蝎多容易互相干扰和残杀，太小又浪费空间。蝎池的四壁用砖和水泥垒砌成围墙，围墙分为两部分，即地下部分(深约 60 厘米左右)和地上部分(高约 80 厘米)。为节省材料，围墙可用一单横砖垒砌。砌好池后，池内壁不用抹得太平，以保持池面粗糙，利于蝎在内攀附、爬动、栖息。池外壁用水泥堵缝，防止蝎从缝隙中外逃。池内侧近顶口处要镶嵌 20 厘米宽的玻璃、塑料膜等光滑材料，构建第一道防逃保障，防止蝎从顶口处外逃(见彩图 1)。或者在池墙顶口上平压约 25～30 厘米宽的玻璃条，使玻璃条在墙顶两侧各向外延伸 6～10 厘米左右，再在玻璃条上竖压一单砖，并于单砖两侧用石灰抹成斜坡，以防玻璃条移动和破损。墙体的地下部分主要是防止蝎打洞逃逸和老鼠打洞侵入，地上部分则要防止蝎外逃和各种天敌侵入。

建池时在池的人行道面，距地面 75 厘米(池底距地面 70 厘米，饲养土 5 厘米)的墙上，根据养蝎数量留几个直径 1.5 厘米以上(母蝎体宽 1.5 厘米)的圆孔。然后，再用相同尺寸外径的塑料管，插在圆孔内，在人行道面留出 2 厘米长即可(出蝎时容易接收)，平时堵严，捕蝎时作为出蝎口使用。

2. 种蝎池的建造

种蝎池又名雌蝎“产房”，主要是为雌蝎产仔提高仔蝎成活率准备的，分成单居产房和群居产房两大类。群居产房可紧临仔蝎池(养殖数量多时要间隔排列，以便 2 龄蝎从分离孔直接钻入仔蝎池,图 2-1)。

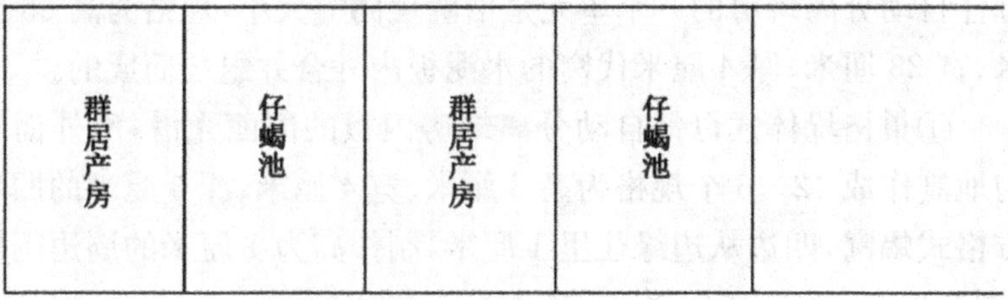

图 2-1　群居产房与仔蝎池排列示意图

(1)单居产房(见彩图 3):单居产房可用干净的一次性塑料杯或罐头瓶。单居产房需要大量的杯(瓶)子,占地较多,但能克服孕蝎互相干扰的问题。孕蝎在这种产房里,有安静的环境,可以顺利产仔,仔蝎的安全也能得到保障。这样就可以大大提高幼蝎的成活率。

实践证明,单居产房若能保持母蝎在安静中产仔、背仔,并做到及时分离,仔蝎的成活率可达 95%以上。因此,种母蝎在 5000 只以内的最好采用单居产房。

(2)群居产房:所谓群居产房就是许多孕蝎同在一个蝎池中产仔,为了提高成活率,必须防止母蝎之间互相干扰和保证仔蝎安全,最有效的办法是给孕蝎提供足够的“产室”。同时为了减少繁重的体力劳动,及时把母仔分开,利用 2 龄蝎爱沿墙根活动和爱钻缝的特点,除与商品蝎池建造相同外,在母蝎池和仔蝎池共用的墙壁中部每隔 4 厘米距离钻一个直径为 0.8 厘米的小圆孔(养殖数量多时可钻多排),使其成为仔母自动分离的分离孔,达到母仔自动分离的目的(也可把母蝎池和仔蝎池共用的墙壁上建造一个长 15～20 厘米、高 10～20 厘米、孔径为 0.3 厘米的分离筛,分离筛只允许 2 龄蝎通过,而母蝎过不去)。

巢格垛体式母仔自动分离蝎房已应用多年,是根据蝎喜阳怕强光、喜潮怕湿、喜钻缝隙怕惊的习性研制和组装的。巢格垛体式母仔自动分离蝎房的一个单元是由两块同等大小，规格为高 63 厘米、宽 23 厘米、厚 4 厘米代窝的水泥板内外合并组装而成的。

①巢格垛体式母仔自动分离蝎房内板的内面光滑，而外面均匀地制作成 12×6 个规格为高 3 厘米、宽 4 厘米、深 3 厘米的凹形方格式蝎窝，四边从边缘往里 1 厘米，制作高为 1 厘米的周边围框（图 2-2）。

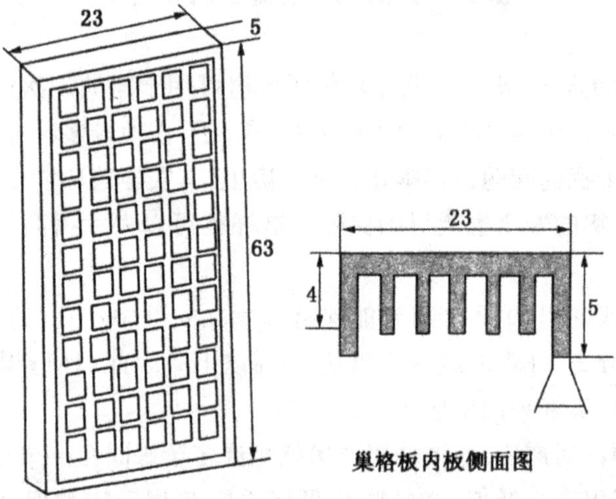

图 2-2　巢格板内板正面示意图(刘炳仁,2002)

②外板在与内板对应的一面叫内面，也制作成同样规格大小的凹形方格，但外面在与内面方格对应的部位每隔一个方格再制作规格为 1 厘米的圆形小孔，作为蝎进出蝎窝的小门（图 2-3）。

③把内外板对齐靠紧，用 6 号钢筋夹子夹住，就组成了一个单元的巢格式蝎窝（图 2-4）。而后再立起，一个单元连接一个单元，平面朝里横排成对应的两道水泥板墙。

④板墙的长短要根据房（棚）舍的长短而定，同时两头要备留

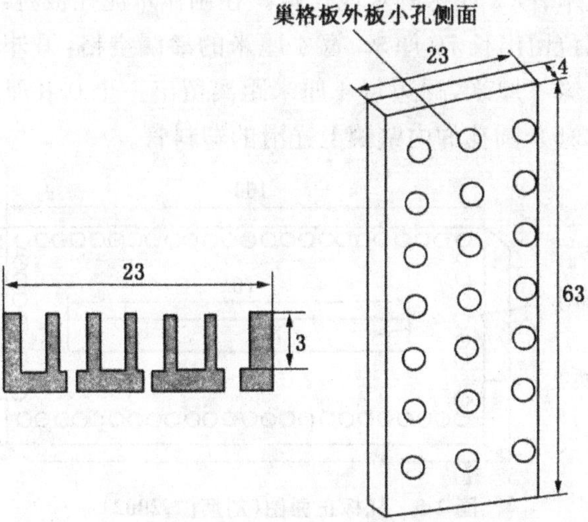

图 2-3　巢格板外板正面示意图(刘炳仁,2002)

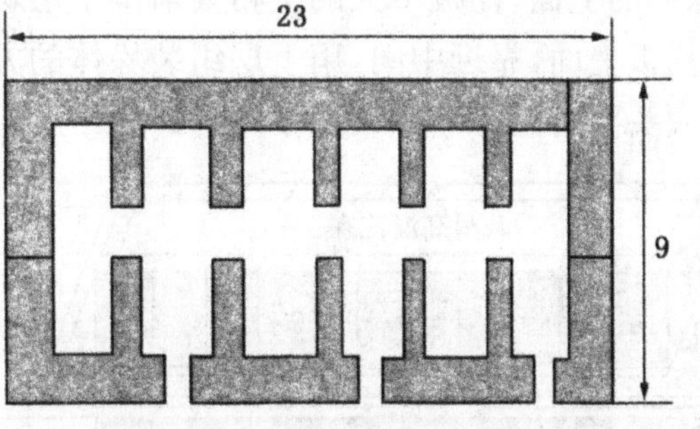

图 2-4　内外巢格板合并侧面示意图(刘炳仁,2002)

出 50 厘米的人行道。墙的两头各立起一个单元的水泥板做垛体的堵头,这样墙与墙之间的距离是 23 厘米。垛体内板相连的缝隙用水泥抹严,里面装满风化土或拆墙土。为了充分利用空间和利用蝎的仔母分开养殖,在制作和组装好下层垛体后,再制作规格为长 100 厘米、厚 2 厘米的水泥托板。在制作水泥托板时，要在托板的中央部位留出长 70 厘米、宽 4 厘米的渗漏空格，另外还要在距离托板边缘 4 厘米，顺边每 4 厘米距离留出一个 0.8 厘米大小的圆孔(图 2-5)，圆孔的内壁镶上光滑的塑料管。

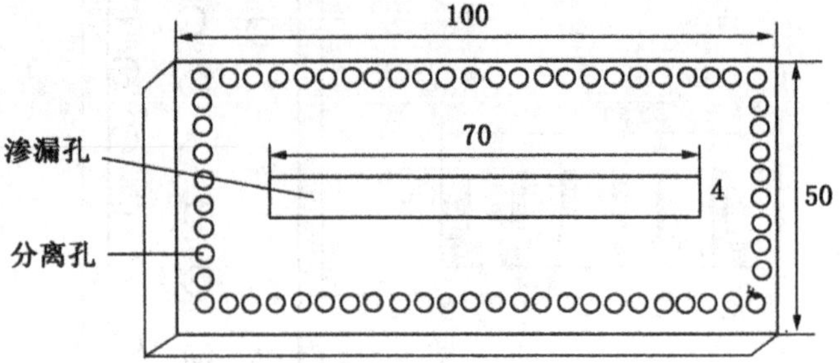

图 2-5　托板正面图(刘炳仁，2002)

⑤水泥托板做好后，从下层垛体上的一头开始，一板接一板地盖在下层垛体的上面，托板中央的空格要对准下层垛体的中央部位，然后在托板上面，靠近中间，用下层组装垛体的方法组装上层垛体，但在两头要留出 30 厘米的空间(图 2-6)。

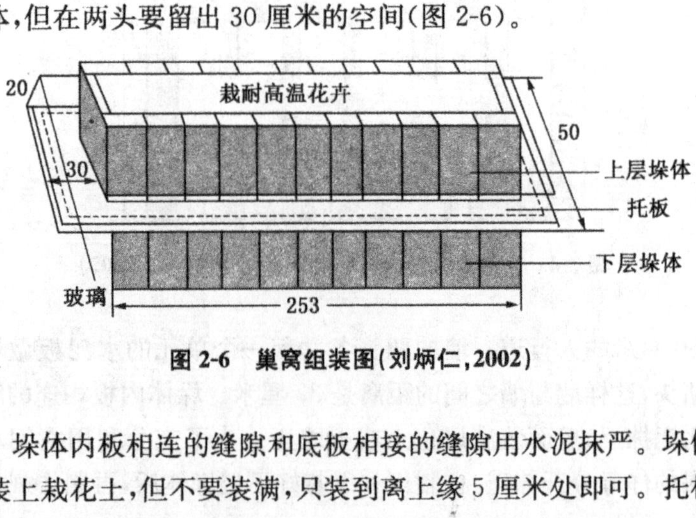

图 2-6　巢窝组装图(刘炳仁，2002)

垛体内板相连的缝隙和底板相接的缝隙用水泥抹严。垛体里面装上栽花土，但不要装满，只装到离上缘 5 厘米处即可。托板的周围再围上一圈高20厘米的玻璃或光滑的塑料板条，以防上层垛体内的蝎外逃。4米宽的房(棚)舍一般可排列4排养蝎垛体，垛体与垛体之间留出50厘米的人行道。人行道用一层砖铺平以后，再用水泥抹光，中间的三排人行道的两边各贴上高20厘米、厚5毫米的玻璃。两边和两头的人行道靠垛体的一面也贴上同样规格的玻璃，以防下层垛体内的蝎外逃。为了便于分龄期饲养管理，可将垛体按11个单位(从垛体一头开始量出长253厘米为一段)用同样规格的玻璃隔开，划分为一个饲养区。

这样形成的两层楼式立体养蝎模式，上层主要养殖母孕蝎，又叫产仔养殖区和仔母自动分离区。孕蝎产下的仔蝎，可通过托板两边镶的塑料管滑到下层的垛体内养殖。母蝎体型较大爬不下去，而留在上层养殖，自然而然地形成了仔母自动分离养殖法。

在实际养殖中，无论采用何种分离装置幼蝎也不能全部分离到幼蝎池中，往往产房中仍会有一部分幼蝎。为了保护产房内的幼蝎不被母蝎所残食，可以利用产房内的垛体缝隙结构和2龄幼蝎在离母背后喜静不喜动、爱避光钻小缝隙的特点，适当配置小缝隙和大缝隙垛体，达到分离的目的，也叫垛体缝隙滤分式分离装置。其主要装置是在产房内的垛体上码置两种缝隙的垛体，一种是大缝隙的产仔垛体，垛体中坯板缝隙为2～3厘米，供孕蝎产仔和休息；另一种是小缝隙垛体，垛体中坯板缝隙仅为2～4毫米，供离开母背的2龄幼蝎栖息。这样的两种垛体靠紧码置在一起为一组，两组垛体的产仔垛体相对，中间留出40厘米左右宽的孕蝎活动场地，组成孕蝎产室，小缝隙垛体也相对，中间留出40厘米左右宽的2龄蝎活动场地，组成2龄蝎养室。这种“分组码垛，以垛作室”的方法，自然形成分厢的垛墙。

为了防止老幼蝎之间互相乱窜，可在每组垛体中间缝隙处，垂直插入一排玻璃条，玻璃条外露部分与围墙上端防逃条相连接，使各室蝎受到限制不能同群。而再在蝎池两端配备筛分式或滤分式分离装置,这样就尽可能把母仔蝎及时地分离。对于上述这种产房仅可以供未分离幼蝎暂时性躲藏用,一到产仔结束后,应及时翻垛捕移母蝎另养。

三、蝎窝搭建

蝎窝是蝎栖身的地方,其大小常随蝎体大小而异,以恰能容身为度。目前生产实际中蝎窝的形式主要有瓦式立体蝎窝(见彩图4)、板式立体蝎窝(见彩图5)、蛋托式立体蝎窝(见彩图6)和巢式立体蝎窝等。

无论是采用瓦片还是水泥材料的蝎窝都必须先用清水洗刷干净,除去泥沙、异物,然后放在1%的盐水中浸泡1小时或放在0.1%的高锰酸钾溶液中浸泡10分钟,以清除混在上面的病菌和寄生虫,最后再放入自来水或冷开水中浸泡,待湿透之后取出待用。但不能把用药水浸泡过的蝎窝材料放在阳光下暴晒,因为过于干燥的蝎窝材料不宜保湿,同时也易于分解出亚硝酸盐改变蝎窝的酸碱度危害蝎。

1. 蝎窝摆放

(1)瓦式立体蝎窝摆放:瓦式立体蝎窝摆放时,无论是蝎池内直接铺饲养土还是在蝎池中间小池外四周摆放的,瓦片都要一片一片地叠起,最好叠成宝塔形(图2-7),以增加蝎栖息的空隙。

(2)板式立体蝎窝的摆放:板式立体蝎窝要摆置的立板可用水泥板(内侧的面要粗糙)、水泥瓦、石棉瓦等,但考虑采收的方便,以水泥瓦为最好。建造时在蝎池中间建有小池,小池外墙的砖从底层起,一层比一层向内缩1～2厘米,以利蝎栖息。板式蝎窝摆放时要与底面成45°角(图2-8)。

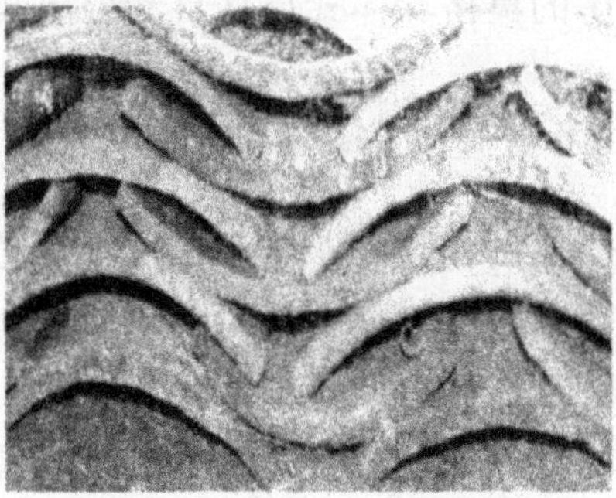

图 2-7　瓦式立体蝎窝

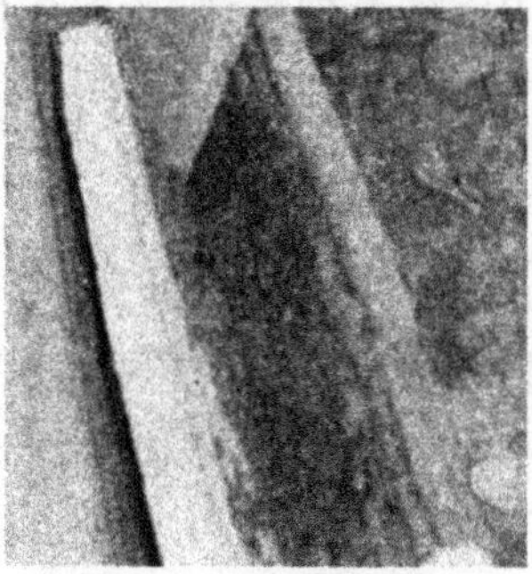

图 2-8　板式立体蝎窝

(3)纸制蛋托式立体蝎窝：蛋托形式多种多样，但要用纸制蛋托。用纸制蛋托制作蝎窝，不但轻便、成本低，而且易于保湿和通风，蛋托中半圆形的凹陷成为天然的蝎窝。纸制蛋托无论如何摆放，都要规则摆放，以防倒垛。同时要保证其留有缝隙，以便让蝎自由进出。用前先用 0.1%高锰酸钾溶液或 1%盐水用小喷壶喷洒消毒，然后一块一块摆放(图 2-9)，这样制成的垛体更为经济实用。

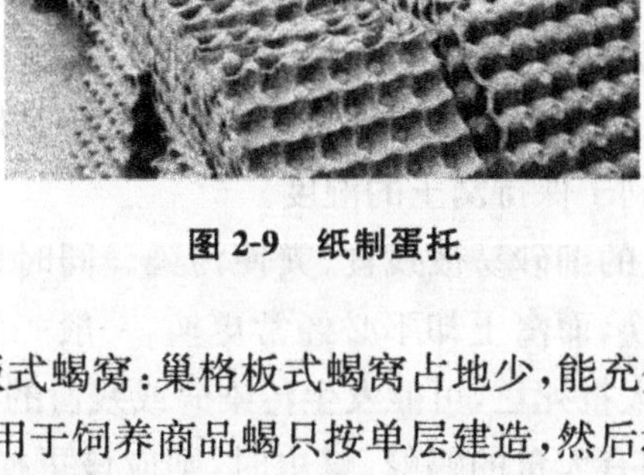

图 2-9　纸制蛋托

(4)巢格板式蝎窝：巢格板式蝎窝占地少，能充分利用空间，且容易管理。若用于饲养商品蝎只按单层建造，然后垛多层即可，若用于饲养种蝎,则按前述群居产房的巢格垛体式母仔自动分离蝎房建造。

2. 注意事项

蝎窝摆放的高度应稍低于蝎池的高度,垛体所占的面积约为池底面积的 2/3 为宜,若小了浪费使用面积,大了则活动场地不足。采用瓦片和蛋托式蝎窝时不能随便更换,一般一年更换一次即可。因为更换太频繁会打乱蝎的正常生活,使它们不得安宁。

无论采用那一种饲养方式,在进行建造蝎窝时,其底部必须铺上饲养土。

首先,要选用红泥(黏土)作窝土。如果用砂土作窝土,在湿润的情况下,蝎爬动时泥虽然不沾足,但难于擂实、难以保湿。以红泥作窝土,不但容易擂实,而且保湿性能好,但潮湿时会发生沾足现象。为了防止这种现象发生,可在土表铺上薄薄的一层细砂,细砂要筛选,然后用沸水冲洗干净晾干后才能使用,那些过于粗大的砂粒、未有清洗的砂都不能用,因为粗砂会损伤蝎的皮肤,不清洁的砂会带来病虫害。

其次,使用的红泥要挖取地下 1 米深的红泥,因为这样的红泥污染的病虫少,下池前要除去泥中的粗砂石块和其他杂物,然后调节好红泥的湿度(含水量 70%左右),装填在池中的厚度约 5 厘米,不宜太薄或太厚。红泥放入池中后要擂实擂平,这样不但利于蝎活动,还可以防止黄粉虫或地鳖虫钻入土中,使蝎难于捕食。此外擂实之后还利于保持窝土的湿度。

第三,铺上的细砂易被残食、粪便污染。同时也容易清理,故细砂可定期更换,而窝土却不必经常更换,一般一年更换一次,但当发生蝎连续大批死亡,可能发生传染病或残留的农药中毒、窝土发霉变臭、土中有大量的蚂蚁、螨虫时,则应该更换窝泥。与此同时最好也换去瓦片，进行彻底消毒，只有这样才能斩断病根，保证蝎健康生长。

五、栽花草

蝎池直接铺饲养土的可在池内空地上种植一些矮秆或匍匐生长的植物，以模拟自然环境。据试验，可供种植的作物有小麦、花生、地豆角、甘蓝、红薯及某些草本花卉等。中间建小池的在小池内栽种花草。栽种花草不仅可美化环境，调节空气湿度和净化空气，还可通过定期给花浇水，满足蝎对土壤湿度的要求，以达到模拟自然环境的目的。

栽种花草应注意几方面的问题：一是不能选择高秆作物；二是要科学合理地安排好间作套种，以保持蝎池空闲地生长季节常绿。栽种花草时绝对不能施用化肥、农药，避免引起蝎中毒。

六、消毒灭菌

全部设施建好以后，要对整体环境进行消毒。消毒的方法是用5%的来苏儿溶液彻底喷洒消毒，或用熏蒸方法消毒。

熏蒸方法消毒适宜于室内空间不大的情况，按每立方米容积用福尔马林（含40%的甲醛）30毫升、高锰酸钾15克的量准备药物。将称量好的高锰酸钾先放在一个瓷容器内（不能用金属容器，以免腐蚀），容器大小应为福尔马林用量的10倍以上，然后按用量加入福尔马林，两种药物混合后即挥发出甲醛气体，密闭熏蒸20～30分钟。待熏蒸消毒后气味散尽方可放入蝎群。

第四节 其他配套设施

1. 加温设施

加温是指在控温养蝎中，当外界温度低时，为提高蝎房温度采取的措施。下面介绍几种目前常用的加温方法，供大家根据实际选用。

(1)电灯加温：电灯加温方法是在饲养室或饲养池内多点几个100瓦的红外灯或浴霸用的电灯泡，利用灯泡散出的热量加温。由于蝎怕强光，所以电灯泡应用铝制饮料瓶或锌铁皮等适当遮住，不让灯光直接照出来。该法适用于南方少量饲养者加温，而加温时最好采用自动控温装置。

(2)电暖器：目前市场上有多种电暖器，但实际工作中应该选择节能电暖器，电暖器加热干净卫生，最省事，好操作，为自动控制的加温方法。如果能采用热效能极高的加热元件来代替易老化、不安全的电热丝和能量耗散较大的远红外加热方法，则更为科学实用。缺点是投资较大，且耗电多，加热元件寿命短。

(3)火道：可采用低架环绕多面散热式火道。火膛建在外室，内室火道内径20厘米左右，高于地平面12厘米沿温室内侧环绕1周，后通入烟囱。为了促使火道内热量的顺利传递，火道应呈缓坡式抬升，即入口处最低，出口处最高。面积50平方米的温室需要配备一组火道。低架环绕多面散热式火道可用有烟煤作燃料，也可用农作物秸秆作燃料，经济方便。因而在大规模养蝎中通常采用此法，特别是塑料膜温棚中采用。

(4)火炉：火炉可放室内也可放室外，应安装一定长度的烟筒。

一是扩大散热面；二是热能可得到充分利用。燃料最好利用无烟煤。煤炉加温昼夜温差不能超过6℃，为防止煤气中毒可在煤中加入10%～15%的熟石灰粉。

(5)火炕：在养殖棚或蝎房的底部建造一个地炕，地炕的表面不能漏烟。灶门设在室外。火炕加温的好处是易升高温度，上下温差不大，还可避免煤气中毒。缺点是温度掌握难度大，水分散失快，易干燥，散温速度较慢。

(6)燃池：燃池是综合火炕和火炉的加温方法。在养蝎室或塑料大棚内的中央部位挖一个长2.5米，宽1.5米，深1.7米的长方形土坑，四壁要平坦和垂直，可不用水泥涂抹，利用自然土墙即可，在坑的一角3/4部位留有一个直径为15厘米左右的圆形直筒通向室外或棚外(称进风道)，进风道可采用坚固的瓷管或铁管等。池子建好后可因地制宜地填充农副产品下脚料，如麦秸、稻谷糠、锯末、玉米芯、玉米秸秆、树叶、烂木头等，每填50厘米厚的燃料时要尽量用脚踩实一次，以延长燃烧时间，可燃物较干时每填一层燃料还要洒一些水，以潮湿能慢燃为度。

池子填满后要用尺寸相等的水泥板或石板封盖严，以防止从缝隙处向外窜火或冒烟。

在池子的进风道对称一角的封盖上还要留一个直径为10厘米左右的出烟口通向室外或棚外，池口与室或棚之间也可采用坚固耐烧的瓷管或铁管之类的筒状物连接，整个燃池建好后一定要仔细检查看是否有冒烟的地方，无误后便可以点燃了，可用提前燃着的煤球或木柴从池子的进风口或出烟口放进去，燃池燃着后有漏烟的地方要及时补救。

房(棚)内的温度高低主要靠进风口的大小调节，室或棚内的温度高时可关闭进风口，温度低时可开启进风口。一般一个长度为2.5米，宽度为1.5米，深度为1.7米的燃池可供暖一个长度为8.5米，宽度为7.5米，高度为2米左右的养蝎室或养蝎棚使用。

可养孕蝎4万条以上，可随意将室或棚内的温度调至20～40℃，一般每个燃池一个月填料一次即可，燃池的大小也可根据养殖室或棚内面积大小而定，一般养殖室或棚内的面积是燃池面积的15～20倍。

（7）水暖：利用温暖的热水管道散出的热量来加温。一般就是指锅炉加温，即通过锅炉加热后，水流过养蝎室的管道散热出来，使养蝎室升温。条件较好的养蝎户可借助供暖单位的供暖来加温，但由于这种暖气有时间性，必须贮备其他热源，待暖气停止后接着用，以保证室内温度的恒定。相对而言，水暖加温方法最为理想，它散热较为温和、均匀，不易产生烘烤现象，也不易产生漏烟而引起蝎中毒的现象，但投资大，且维持成本也大，从而增加蝎产品成本。因此，养殖户很少使用该方法。若有条件的可用工厂余热，以降低成本。

2. 喂食工具

小盘、海绵等。

3. 防护水沟

在距房约1～2米处的四周挖一条宽0.6米，深0.8米的环房（棚）水沟，沟内长年保持有水，既可防止蝎逃跑，也可防止蚂蚁等其他昆虫入侵。环房（棚）水沟应有外泄出口，以便雨季向外排水。

4. 饵料昆虫场所

正规蝎场应该有自己的饵料培育室（区）。饵料培育室或培育区应建立在蝎场附近，根据各种食物昆虫的生活习性建设培育室，进行大量培育。一个10万条成蝎以上规模的养殖场，养黄粉虫的面积最少应不少于20平方米。

5. 光源

在养蝎房内安装1～2个瓦数不高的灯泡，除照明外，夏、秋季节晚上可换成黑光灯，打开纱窗，将外界昆虫诱入蝎房，作为蝎的天然饵料。

6. 管理人员工作、休息室

对于一个具有一定规模的蝎场，饲养管理工作人员较多，工作量大，必须有自己的工作准备室及休息室。

工作准备室包括办公室、技术室、防疫室、工具室等，休息室则包括一般休息室及宿舍等。

7. 蝎加工室

大型养蝎场都有自己的蝎加工室，以便对大量成蝎进行加工及取毒。

加工室应配备水池、煮锅、灶台及各种必备的容器、机械等，还应有相应的干燥室及包装、运输准备室等。

8. 镊子

平时可用医用镊子或竹镊子，采毒时用塑料镊子。

9. 扫帚、撮箕

长把扫帚或用鸡毛、羊毛扫帚（用 10 根左右鸡毛或一撮羊毛扎紧在小竹竿上，也有用塑料扫刷的）和撮箕（竹、塑料的也可），用于捕捉时扫落蝎窝的蝎。

10. 采毒工具

蝎采毒器塑料镊子，存蝎桶、盆，蝎除尘盆，乳胶手套，酒精，白色工作服，工作帽，口罩，桌子、椅子等。

11. 喷雾器

规模小时用手持喷雾器，规模大时用压力喷雾器，用于高温干旱季节为蝎窝补湿和捕蝎时喷洒。还要准备用于蝎窝水盘添水的小水壶。

12. 手电筒

用于夜晚检查蝎窝。

13. 干湿温度计

用于日常温度、湿度的测量。

14. 产仔架

可根据蝎房(棚)面积自行设计。

15. 蝎蜇伤救护物品

用于蝎蜇伤后的救护，如抗蝎毒血清、高锰酸钾、纪德胜蛇药片等。

16. 其他设施

其他配套设施可根据各自需求自行配置。

第三章 蝎的饵料

蝎主要以节肢动物为食，尤其喜食含蛋白质高而脂肪低的体软多汁的昆虫幼虫。试验证明，许多仓贮昆虫，如黄粉虫、土鳖虫等可以作为蝎的主要食料，食料的来源主要是人工饲养。因此，在建立蝎场的同时，即应积极准备饵料。

第一节 蝎的营养需求

蝎在其一生过程中，进行着生长发育、繁殖等活动。既要延续自身生命，又要延续种群后代，这些生命活动的前提条件是必须具备良好的营养条件。没有充足的优良营养供给，蝎不会生长良好。蝎的营养需求主要有蛋白质、脂肪、碳水化合物、矿物质、维生素和水分等。

1. 蛋白质

蛋白质是一切生命的基础，在蝎的生长、繁殖等过程中起着极为重要的作用。蝎许多重要的组织、器官，如肌肉、内脏器官、神经、血液和毒液等都是以蛋白质为原料构成的。

蝎组织（除外骨骼）干物质一半以上是蛋白质。在蝎的代谢过程中，蛋白质有不可替代的重要作用。

构成蛋白质的基本单位为氨基酸。蝎食入饵料蛋白质，在体内将其消化、分解成游离氨基酸，再根据自身需要，将各种氨基酸按特定的比例合成体蛋白。当饵料中提供的各种氨基酸的种类、数量、比例符合需要时，这便是理想的氨基酸平衡。

蝎对蛋白质的需要在一定程度上依蛋白质的品质来决定。蛋白质中氨基酸越完全，比例越恰当，蝎对它的利用率就越高。在生产实践中，为提高饵料中蛋白质的利用率，常采用多种饵料配合，使各种氨基酸互相补充。若蝎单喂黄粉虫、土鳖虫或蝇蛆，这样取得的氨基酸数量可能不足，氨基酸不平衡，因而蛋白质的利用率就不高，时间长了，就容易产生蛋白质缺乏症，导致蝎营养不良、体重下降、繁殖力低下、免疫力弱等。

2. 脂肪

脂肪主要由碳、氢、氧三种元素组成，主要供给蝎能量和必需脂肪酸，此外参与形成细胞膜的结构，同时还与蝎的冬眠有重要关系（在野生状态下，蝎可以在 100 多天的冬眠状态中不吃不动，其能量的提供即是依靠体内积聚的脂肪供应的）。脂肪是蝎体内的主要贮备能源，广泛分布于机体的组织中，但在盲囊中含量最高。

脂肪还有保护内脏，减少机械冲撞、挤压损伤，同时还有防止体内热量的散发等作用。脂肪也是脂溶性维生素 A、维生素 D、维生素 E、维生素 K 的溶剂，并可促进脂溶性维生素的吸收和利用。但是，饵料中脂肪的含量不宜太多，否则会引起消化不良，食欲下降。蝎只要捕食各种动物，就能够满足其对脂肪的需要，所以不需要另外进行脂肪的补给。

3. 碳水化合物

碳水化合物的主要作用是为蝎机体提供能量。同时参与细胞的各种代谢活动，如参与氨基酸、脂肪的合成。利用碳水化合物供给能量，可以节约蛋白质和脂肪在体内的消耗。碳水化合物包括两大类：一类为无氮浸出物，包括淀粉和糖；另一类为粗纤维。在植物性饵料中，含有大量的淀粉和纤维素。在蝎的体内，因无分解纤维素的酶，所以纤维素不能被分解利用。

蝎对纤维素无特别的需求，一般要求纤维素的量尽可能低些，淀粉的量也不宜过高，过高影响蝎的食欲，引起肠道不适甚至腹泻。

4. 矿物质

无机盐和微量元素在蝎体内的生理过程中起着重要的作用。生物体内的矿物质有几十种，根据它在体内含量的多少称为常量元素和微量元素两大类，如钙、磷、钠、钾等蝎体内含量较多称之为常量元素，而如铁、铜、锌、锰、碘等在蝎体含量较少称之为微量元素。

(1)钙与磷：钙与磷是组成外骨骼的重要成分，外骨骼中所含的钙占全身钙量的90%以上，所含的磷量占全身总磷量的75%。饵料中钙、磷不足时，外骨骼生长缓慢，蜕皮困难。黄粉虫、蝇蛆中所含钙和磷的量不能满足蝎体的需要，蝎要经常吃少量的土，以补充人工喂养无法满足的一些矿物质。实际观察证明，无饲养土的养殖场所，往往会导致蝎营养不良，在整个养殖过程中会不定时发现有死亡现象，这是初养者往往调查不出的原因之一。潮湿的泥土又是一种自然调温计，对蝎生长十分有利。

(2)钠和氯：钠和氯主要分布在体液和软组织中，它能促进消化酶的活动，有利于脂肪和蛋白质的消化吸收，同时还能增进食欲，帮助消化。究竟蝎需要多少钠和氯，目前尚没有确定答案。但是可以肯定的是，蝎是需要些许食盐的，野生蝎会寻找含盐物或从土壤中舐吸，在人工饲养时如能在饮水中定期加入0.05%～0.09%食盐水，对蝎的生长繁殖很有作用，表现在蜕皮加快，产仔也快。但是，食盐水的浓度不能过高，否则会引起食盐中毒。

(3)其他元素：主要有调节渗透压、保持酸碱平衡和激活酶系统等作用，是蝎体生长繁殖不可缺少的营养物质。因而，在人工养蝎时就要定期用复合微量元素饲喂黄粉虫、土鳖虫，或加入水中供蝎饮用。

另外，池土中应定期投放风化土或老墙土，以补充微量元素，满足蝎生长发育对微量元素的需要。

5. 维生素

维生素是蝎生长繁殖不可缺少的物质，需求量虽然极微小，但参与蝎体内的主要物质代谢，是代谢过程的激活剂。维生素的种类有 30 多种，主要有维生素 A、维生素 D、维生素 E、维生素 K、维生素 B_1、维生素 B_2、维生素 B_{12}、生长素、叶酸、肌醇和维生素 C 等。

维生素的生理功能很多，饵料中无论缺乏哪一种维生素，都会造成新陈代谢紊乱，生长发育停滞，不蜕皮，同时抗病力下降，易生病，如缺乏 B 族维生素会引起消化不良。所以，适量地在饵料或饮水中添加维生素，对维护蝎的身体健康很有好处。

6. 水

水是蝎机体的重要组成成分，也是蝎体内营养物质的运输、消化与吸收、代谢终产物排出的载体。

第二节　蝎的饵料种类和饵料虫养殖

在人工养殖条件下，作为蝎的饵料首先保证蝎喜食。比如在人工养殖初期，有人介绍将动物肉、熟鸡蛋，甚至一些植物性饵料作为蝎饵料。但这类东西只有在蝎非常饥饿时才能采食一点，所以不能将其作为蝎的主要食物。作为蝎饵料还应保证来源丰富、价格低廉、能大量供应。有些食物如蜘蛛等，蝎非常爱吃，但由于其难以饲养，养蝎中难以人为大量供应。另外蝎饵料应该能够与蝎较长时间生活在一起，而且不污染环境。

一、蝎的饵料种类

试验证明，在人工饲养条件下，蝎的最适宜的动物饵料主要有黄粉虫、地鳖虫、蝇蛆、洋虫和潮虫等。这几种动物既为蝎所喜食，营养价值高，能促进其生长发育，又容易饲养，来源丰富，可以廉价取得，而且其饵料利用率比较高，因为它们投放进蝎窝以后能够较长时间与蝎相处，增加蝎捕获的机会，而又不污染环境，有利于大量投喂。这几种动物饵料一般用其幼虫，而不用其成虫。

各种饵料的营养成分各有侧重，长期饲喂单一食物易形成某种成分偏缺，因此一般宜将几种食物交替饲喂，往往会收到很好的效果。

除了以上几种饵料以外，还可以用青菜、麦麸、米糠等植物性食物投喂补充，也可以用猪肉、牛肉、羊肉等绞碎投喂，以解决昆虫类不足的问题。

1. 养殖昆虫类

有黄粉虫、地鳖虫、黑粉虫等，这些昆虫繁殖力强、生长快、比较容易养殖，其含蛋白质很高，是蝎很适口的饵料。但这些饵料应提前养殖，以备缺饵料时来喂蝎。

2. 野生昆虫类

有蚂蚱、蝇蛆、蜘蛛和各种蛾子等。这些饵料可用黑光灯夜间进行诱捕，让其自由采食。这些昆虫投喂对象是2～3厘米的幼蝎和未成年蝎。

3. 肉类

鸡肉、猪肉等只要是干净、新鲜的可直接投喂未产仔的孕蝎和4～5龄的成蝎，也可投喂1～2厘米的仔蝎。在投喂肉类饵料时应注意，肉类饵料不能在蝎池内存放的时间太长，因为蝎房内温度很高，肉类又很容易变质，变质后的饵料被蝎采食后，能感染疾病而死亡。所以，应及时清除变质的饵料，减少蝎病的发生。

4. 矿物质饵料

矿物质饵料有早春山上石下的风化土或老墙土，含有部分矿物质，初春时可在蝎池表层投放一些，让其自由采食，这也是早春不可缺少的饵料之一。另有骨粉，含有丰富的矿物质，用骨粉拌入饵料中，可投喂各龄的蝎。

5. 混合饵料

蝎的人工配合饵料是蝎饵料短缺时的很好补充。配合饵料中，植物性饵料有谷物类、糠麸类、油料类、饲草类等；动物性饵料有肉类、鱼粉、乳、蛋等。这些饵料都不能直接饲喂，必须经过加工。常用配方如下：

(1)肉泥30%，蛋汁40%，麦麸(炒黄香)30%。

(2)牛肉泥50%，麦麸(炒黄香)20%，玉米粉20%，奶粉10%。

(3)瘦猪肉泥50%，牛肉泥20%，面粉10%，玉米粉20%。

(4)蝇蛆浆50%，黄粉虫浆30%，面粉20%。

(5)鸡肉泥50%，黄粉虫浆20%，麦麸(炒黄香)20%，玉米粉10%。

配合饵料拌成绿豆粒状即可投喂，在投喂肉类饵料和混合料时应注意，在蝎池内投放的时间不能太长，因为未添加防腐剂，饵料容易变质，变质后的饵料被蝎采食后，可能感染疾病而死亡。所以，应及时清除剩余的饵料，减少蝎病的发生。

6. 添加剂

添加剂应用于养蝎生产，目的是刺激蝎加快生长、提高饵料报酬、增进其健康。目前应用于养蝎的有化学合成抗生素、复合维生素、微量元素、中草药等，但通常是两种或多种混合应用。值得一提的是中草药添加剂。所谓中草药添加剂，主要是指向饵料中添加少量或微量的天然动植物或矿物类等组分。现有 5000 种中草药可用做添加剂。中草药添加剂没有化学药剂的耐药性及药害残留，可广泛用于蝎养殖，提高蝎的生产性能和药用品质，起到防病促长的作用。且中草药加工方便，资源丰富，价格低廉，是值得开发应用的饵料添加剂。目前，已开发应用的有幼蝎蜕皮素、蝎元康、“328”、“828”生长素等。

二、饵料虫的人工培育

生产实践证明，在人工饲养条件下，蝎最适宜的饵料动物主要有黄粉虫、地鳖虫、洋虫、潮虫、蝇蛆等。从多年来的效果来看，以地鳖虫为主饵料经济效益较好（把即将孵化的地鳖卵投入小蝎窝中，蝎可随时捕食刚孵出的地鳖虫，雌地鳖虫可留种，也可作为中药材出售，一举双得），以黄粉虫最方便；其次为洋虫、潮虫、蝇蛆等。

（一）黄粉虫的饲养

黄粉虫（图 3-1）又叫面包虫，具有抗病力强，耐粗饲，生长发育快，繁殖力强等优点，体内含有丰富的蛋白质、脂肪和糖类。而且容易饲养，用低廉的麦麸、蔬菜叶、瓜果皮就可饲养。黄粉虫是蝎的优质昆虫饵料，养蝎时饲养的数量最多。

卵 幼虫 蛹 成虫

图 3-1 黄粉虫

1. 生活史

黄粉虫一个世代要经过卵→幼虫→蛹→成虫(蛾)四态的变化,大约需要 4～5 个月。人工饲养时,1 只雌虫 1 年可繁殖 2000～3000 只幼虫。黄粉虫个体变态很不整齐,所以在活动期可同时出现卵、幼虫、蛹和成虫。

(1)卵:乳白色,椭圆形,米粒大小。卵的外面是卵壳,起保护作用,里面是卵黄。刚产出的卵有黏性,常粘有饵料的碎屑。卵最适宜的孵化条件为温度 19～26℃,相对湿度 78%～85%。卵的孵化时间随温度高低而异,10～20℃时需 20～25 天,25～30℃时只需 4～7 天。

(2)幼虫:刚孵出的幼虫很小,长约 3 毫米,乳白色。1～2 天后开始进食,并进行第一次蜕皮。如果温度在 25～30℃,饵料含水量在 13%～18%,大约 8 天蜕去第一次皮,变为 2 龄幼虫,体长增至 5 毫米。以后大约在 35 天内又经过 6 次蜕皮,最后成为 8 龄老熟幼虫,这时幼虫呈黄色,体长增至 20～25 毫米。

幼虫在蜕皮过程中,每蜕皮 1 次,体长均明显增加。幼虫有 13 个体节,其中头节 1 节、腹节 8 节、胸节 3 节、尾节 1 节;头部口器黑色，有1对颚和1对触角；眼小，仅有感光作用。幼虫生长最适的温度为25～29℃，相对湿度80%～85%，气温低于10℃时极少活动，低于0℃或高于35℃时则可能被冻死或热死。幼虫很耐旱，但在较干燥的情况下，幼虫有互相残食的习性。幼虫昼夜都能活动、摄食。在适宜的温度25～28℃，相对湿度50%～80%时，8龄幼虫约经过10天即变成蛹。

(3)蛹：末龄幼虫化为蛹，蛹光身睡在饵料堆里，并无丝茧包被，有时还能自行活动。刚形成的蛹为乳白色，以后逐渐变黄、变硬，长约16毫米，头大尾小，两边有棱角，3天后颜色加深变成黑褐色。雄蛹乳状突起较小，不显著，基部愈合，端部伸向后方；雌蛹乳状突起大而显著，端部扁平稍骨化，显著向外弯。蛹常浮在饵料的表面，即使把它放在饵料底下，不久也会爬上来。黄粉虫的蛹期较短，温度在10～20℃时，15～20天即可羽化成蛾；25～30℃时，6～8天就能羽化成蛾。蛹期要求的最适温度为26～30℃，最适相对湿度为78%～85%。

(4)成虫：初羽化出的成虫为白色，逐渐转变为黄棕色、深棕色，2～3天后转变为黑色，有光泽。此时开始觅食。成虫体长14～19毫米。

成虫尾节只1节，雄性有交接器隐于其中，交配时伸出；雌性有产卵管隐于其中，产卵时突出成虫羽化后4～5天开始交配、产卵，交配昼夜进行，但夜晚多于白昼。成虫一生中多次交配，多次产卵。每次产卵6～15粒，每只雌成虫一生可产卵30～350粒。最适宜成虫生活的温度为26～28℃，相对湿度为78%～85%，成虫昼夜都能活动、摄食。

2. 生活习性

(1)温度：黄粉虫较耐寒，越冬老熟幼虫可耐受－2℃，低龄幼虫在0℃左右即大批死亡。0℃以上可以安全越冬，10℃以上可以活动吃食。生长发育的适宜温度为25～28℃，超过32℃会热死。4龄以上幼虫，当气温在26℃时，饵料含水量在15%～18%时，应急时降温。黄粉虫较耐寒，老龄幼虫可耐受－4℃，低龄幼虫在0℃时即大量冻死，8℃时开始生长发育。

(2)湿度：黄粉虫耐干旱，理想的饵料含水量为15%，空气湿度为50%～80%。如饵料含水量超过18%，空气湿度超过85%，则生长发育减慢，易生病。在特别干燥的情况下，黄粉虫尤其是成虫有互相残食的习性。

(3)食物：黄粉虫在自然界中，多栖息在粮食和饵料仓库中，成为仓库的一大害虫。黄粉虫属杂食性昆虫，吃食各种粮食、油料和粮粕加工的副产品，也吃食各种蔬菜叶。人工饲养时，应该投喂多种饵料制成的混合饵料，如麦麸、玉米面、豆饼、胡萝卜、蔬菜叶、瓜果皮等搭配使用，也可喂鸡的配合饵料。

(4)光线：黄粉虫怕光喜暗。成虫喜欢潜伏在阴暗角落或树叶、杂草或其他杂物下面躲避阳光；幼虫则多潜伏在粮食、面粉、糠麸的表层下1～3厘米处生活。雌性成虫在光线较暗的地方比强光下产卵多。人工饲养黄粉虫应选择光线较暗的地方，或者饲养箱应有遮蔽，防止阳光直接照射，影响黄粉虫的生活。

(5)喜群居：黄粉虫幼虫和成虫均喜欢聚集在一起生活。饲养时，如饲养密度过大，会提高群体内温度而造成高温热死幼虫，同时食物不足会导致成虫和幼虫食卵和食蛹。

3. 养殖场所与设备

用箱、盆、水泥池等均可，要求内壁光滑，深15厘米以上，以免虫子外爬。目前较理想饲养设备是用养殖盒饲养。

(1)养殖场所：养殖场所以室内为宜。室内喂养，能调节控制温度和湿度，便于管理，还可防止老鼠、鸟类等天敌的侵害。

(2)养殖盒：黄粉虫的养殖设备很简单，可用塑料盆、木盒等用具(图 3-2),以塑料盒最为理想。其优点有三个:第一,塑料盒的内壁光滑,可防止黄粉虫外逃,而且价格低廉;第二,盒体轻巧,便于搬动和管理;第三,塑料盒可一层层摞起,充分利用空间,减少占地面积。养殖盒的大小,以搬动方便为宜。规格一般长 60 厘米、宽 40 厘米、高 12 厘米,用来养殖黄粉虫的幼虫和成虫。

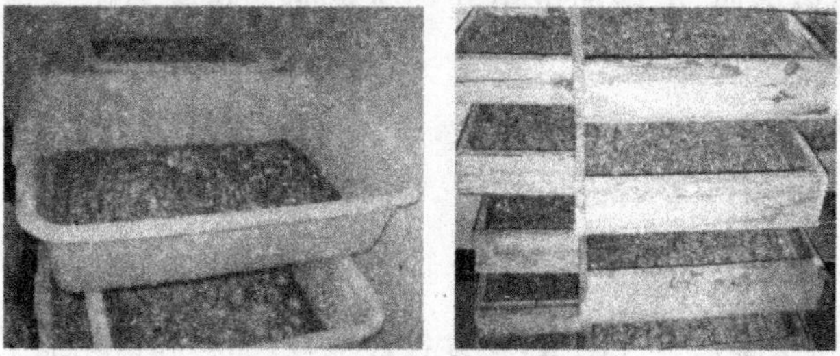

图 3-2　黄粉虫的盒养殖

养殖者也可用 100 厘米×50 厘米×10 厘米的木板钉成四方形木盒,底部用胶合板钉紧,四周用宽胶纸贴紧,使盒子内部四壁光滑,防止虫子外爬。

(3)产卵筛:产卵筛可用 80 厘米×40 厘米×10 厘米的木板钉成,底部用铁丝网 51 目(筛麦用的)钉紧,成虫放在里面,产卵时把尾部伸出铁丝网产到产卵箱,产卵箱里可铺上一麸皮以免卵损坏,使用方法:把 100 厘米×50 厘米×10 厘米的方木盒放在底下,上面放上 80 厘米×40 厘米×10 厘米的铁筛子,里面放上产卵的成虫,撒入麸皮、蔬菜叶、瓜果皮等,任其自由采食,在撒饵料时,不能超过 1 厘米,以免成虫产卵时,尾部伸不出铁砂网。当成虫产卵 7 天左右即换产卵箱,产卵箱要单独放,要注意不要使卵受到挤压,以免损坏。当卵孵出幼虫,这时不必添加饵料,原先产卵箱的麸皮够幼虫吃的,随着虫子的逐渐长大,根据实际情况,及时添加饵料,还要定期筛虫粪。产卵筛一般可做 6~8 个即可够用。

(4)分离筛：分离筛的木板规格和产卵筛木板规格相同。不同的地方用做底的不锈钢铁丝网的网目有12目的和50目的。12目的筛用于幼虫和蛹的分离，一般只做1～2个为宜。50目的筛用于筛取幼虫的粪便。分离筛四周木板的内壁也均贴上透明胶带，以防幼虫外逃。

(5)养殖架：养殖架可用2.5厘米的三角铁焊接。规格为高160厘米、宽50厘米、长130厘米，各层隔20厘米即可。共可放9层养殖盒，每层放3个养殖盒，共计可放27个养殖盒，可养黄粉虫幼虫100千克左右。

4. 饵料

黄粉虫属杂食性昆虫，吃食各种粮食、油料和饼粕加工的副产品，也吃食各种蔬菜叶。人工饲养时，应该投喂多种饵料制成的混合饵料，如麦麸、玉米面、豆饼、胡萝卜、蔬菜叶、瓜果皮等搭配使用。也可喂鸡的配合饵料。

幼虫和成虫的基础混合饵料配方如下，可供参考。

配方1　麸皮45%，面粉20%，玉米粉6%，鱼粉3%，黄豆粉26%。另外，每100千克混合饵料中，添加复合维生素添加剂3克、微量元素添加剂50克。

配方2　麸皮80%，玉米粉10%，花生饼粉9%，其他(包括多种维生素、矿物质粉、土霉素)1%。

配方3　麸皮60%，碎米糠20%，玉米粉10%，豆饼粉9%，其他(包括多种维生素、矿物质粉、土霉素)1%。

配方4　麸皮80%，玉米粉10%，花生饼粉10%。

5. 饲养管理

(1)成虫的管理：成虫饲养的任务是使成虫产下大量的虫卵。

当羽化后的成虫，在虫体体色变成黑褐色之前，就要转到成虫产卵箱中饲养。若需转移的数量较少，可以用手捡拾；若需转移的数量较多,可以用鸡毛翎将蛹和成虫扫到一头,在扫开的地方洒上一些新鲜麦麸,再放上一些白菜叶,成虫便会自行转移到新鲜饵料上去,这时便可将成虫迁移到成虫产卵箱中去。成虫产卵箱为长60厘米、宽40厘米、高15厘米的木箱,底部钉上网孔为2～3毫米的铁丝网,网孔不能过大,也不能太小。箱内侧四边镶以白铁皮或玻璃,防止虫子逃跑。

放养成虫前在饲养槽中放一层厚约4厘米的基础混合饵料,在饵料表面铺一层筛孔直径为3毫米的筛网,筛网上再铺一层厚约5毫米的基础混合饵料。或先在箱底下垫一块木板,木板上铺一张纸,让卵产在纸上。箱内铺上一层1厘米厚的饵料,这样才能使成虫把卵产在纸上而不至于产在饵料中。在饵料上铺上一层鲜桑叶或其他豆科植物的叶片,使成虫分散隐蔽在叶子下面。为了防止过剩的干菜叶发霉,每隔2～3天就要将多余的菜叶清除干净。

投放雌雄成虫的比例为1∶1。一般每平方米可放入成虫4000～5000只。

成虫在生长期间不断进食、不断产卵,所以每天要投料1～2次,将饵料撒到叶面上供其自由取食。在温度和湿度都适宜的情况下,羽化后的成虫经5～6天后便可以进行交配产卵,以后每隔6～10天再产一次卵。成虫产卵时多数钻到纸上或纸和网之间的底部,伸出产卵器穿过铁丝网孔,将卵产在纸上或纸与网之间的饵料中,这样可防止成虫把卵吃掉。每隔3～5天用鸡毛翎扫开一些饵料,将饵料和成虫移开,将卵转移到幼虫培育槽中,让其自行孵化。然后在原成虫培育槽中重新铺上白纸,将原饵料和成虫放回,让它们继续产卵。

成虫连续产卵3个月后,雌虫会逐渐因衰老而死亡,未死亡的雌虫产卵量也显著下降,因而饲养3个月后就要淘汰全部成虫,以免浪费饵料和占用产卵箱。

(2)幼虫的管理:幼虫的饲养是指从孵化出幼虫至幼虫化为蛹这段时间,均在孵化箱中饲养。孵化箱与产卵箱的规格相同,但箱底放置木板。一个孵化箱可孵化 2～3 个卵箱筛的卵纸,但应分层堆放,层间用几根木条隔开,以保持良好的通风。

孵化前先进行筛卵,筛卵时首先将箱中的饵料及其他碎屑筛下,然后将卵纸一起放进孵化箱中进行孵化。卵上盖一层菜叶或薄薄的一层麦麸,在适宜的温度和湿度范围内,6～10 天就能自行孵出幼虫。刚孵出的幼虫和麦麸混在一起,用肉眼不易看得清楚。可用鸡毛翎拨动一下麦麸,如发现麦麸在动,说明有虫。

幼虫留在箱中饲养,3 龄前不需要添加混合饵料,原来的饵料已够食用,但要经常放菜叶,让幼虫在菜叶底下栖息取食。幼虫在每次蜕皮前均处于休眠状态,不吃不动,蜕皮时身体进行左右旋转摆动,蜕皮一次需要 8～15 分钟。随着幼虫的长大,应逐渐增加饵料的投放,同时减小饲养密度。1～3 周龄幼虫每平方厘米放养 8～10 只,4～6 周龄则为 5.5 只,7～9 周龄为 4 只,10～13 周龄为 3 只,14 周龄以上为 1.7 只。幼虫长到第 20～25 毫米或更大时,可收获作饵料。

幼虫的粪便为圆球状,和卵的大小差不多,无臭味,富含氮、磷、钾成分,是良好的有机肥,并含有一定量的蛋白质,可作饵料。幼虫培育槽中的粪便,应每隔 10～20 天清除一次。在清除粪便的前一天,不再添加饵料,待清除粪便后方可喂食。清除粪便的办法是:用筛子筛出幼虫粪便。筛子可用尼龙纱绢做成,对前期幼虫的粪便应用 11～23 目的纱绢做筛布,对中后期幼虫的粪便则用 4～6 目的纱绢做筛布。总之,以能让幼虫粪便筛出,而幼虫又钻不出筛孔为原则。在筛粪时,要注意轻轻地抖动筛子,以免把幼虫弄伤,并注意检查所筛出的粪便中是否有较小的幼虫。若有,可用稍小一些规格的筛子再筛一遍,或者把筛出的粪便都集中放到一个干净的培育槽中喂养一段时间后再筛。

用来留种的幼虫，到 6 龄时因幼虫群体体积增大，应进行分群饲养，幼虫继续蜕皮长大。老龄幼虫在化蛹前四处扩散，寻找适宜场所化蛹，这时应将它们放在包有铁皮的箱中或脸盆中，防止逃走。化蛹初期和中期，每天要捡蛹 1～2 次，把蛹取出，放在羽化箱中，避免被其他幼虫咬伤。化蛹后期，全部幼虫都处于化蛹前的半休眠状态，这时就不要再检蛹了，待全部化蛹后，筛出放进羽化箱中，蛹在饵料表面，经过 7 天后就羽化为成虫。

饲养幼虫除了提供足够的饵料外，主要是做好饵料保湿工作，湿度控制在含水量 15%，过于干燥时可喷水，但不宜太湿。可人工调节温度、湿度，使环境条件适宜于卵的孵化。在干燥、低温的秋、冬季节，可用电炉、暖气等加温；用新鲜菜叶覆盖饲养槽，在饲养室内悬挂湿毛巾，以提高空气相对湿度。在高温的夏季，可定时向饲养室房顶浇水降温。

6. 病害防治

黄粉虫的抵抗能力强，很少发病，但也有发病的情况出现，如患软腐病、干枯病等。健壮的成虫，行动有急急忙忙、慌慌张张之态；健壮的幼虫，爬行较快、食欲旺盛。若发现虫体软弱无力、体色不正常，就要检查其是否有病。

(1)软腐病：此病多发生在梅雨季节，主要是因空气湿度大、饵料不干净；或在过筛时用力过大使虫体受伤、或幼虫被咬伤、或细菌感染所致。患软腐病时虫体行动迟缓、食欲下降、粪便清稀、虫体变黑变软，而后便腐烂死亡，或因无力蜕皮而死亡。

防治方法：若发现病虫，及时拣除，以防止互相感染；停喂青饵料，清理残饵和粪便；设法通风排湿；保持适宜的密度；过筛时，动作要轻，以减少虫体受伤的机会；发病后，用 0.25 克金霉素粉拌人 0.5 千克饵料投喂。

(2)干枯病：此病一般在幼虫和蛹中发生，病因不明，在高温干燥的季节易发此病。成虫较少患此病。患病的虫体从头至尾干枯，而后整个虫体枯死，死后体色变黑。

防治方法：干燥季节适当多投喂一些青饵料，或在地上洒些水，以调节湿度；若发现病虫，在饵料中拌些酵母片和土霉素粉，增加含钙质食物，以提高虫体的抗病能力。

(3)壁虎：壁虎很喜欢偷吃黄粉虫，是培育黄粉虫的一大敌害，而且较难防范。一旦培育的黄粉虫被壁虎发现，它会天天夜里来偷吃。有人曾打死一只壁虎后，剖腹检查发现，其肚里有 4 条 20 毫米的黄粉虫幼虫。

防治方法：彻底清扫培育室，堵塞一切壁虎藏身之地，门窗装上纱网，防止壁虎进入。

(4)老鼠：老鼠不仅能吃黄粉虫，而且还偷吃饵料，会把培育槽内搞得一塌糊涂。

防治方法：堵塞鼠洞，关好门窗，最好能在培育室内养一只猫。

(5)鸟类：黄粉虫是一切鸟类的可口饵料，若培育室开窗时，往往有麻雀进入室内偷吃，一只麻雀一次可以偷吃几十条幼虫。

防治方法：关好纱窗，防止鸟类入室，开窗时要有人看护。

(6)蚁害：蚂蚁也喜欢偷吃黄粉虫和饵料。

防治方法，在培育室四周挖水沟防蚁或在培育槽的架脚处撒石灰粉防蚁。

(7)米象：米象又叫米虫，它主要是和黄粉虫争饵料，米象的幼虫还会使饵料形成团块，而影响黄粉虫的生长和孵化。

防治方法：饵料在使用前用高温蒸，以杀死杂虫。

(8)螨：螨类无处不存在，各种螨类对黄粉虫危害极大，会造成虫体软弱、生长缓慢、繁殖力下降。螨类很小，用肉眼很难看得清楚，用低倍显微镜观察，可见到它形似小蜘蛛。

防治方法：搞好室内卫生，培育室在使用之前用甲醛和高锰酸钾消毒(先关好窗，20 平方米的室内用甲醛 100 毫升和 50 克高锰酸钾混在一起喷洒，立即关好门，待 2 小时后打开门窗通气）；饵料在使用前，用蒸汽消毒，以杀死螨类；发现螨类时，可把饵料放在阳光下晒 5～10 分钟，若饵料中是幼龄虫不要晒太长时间；螨类严重为患时，可用 40％的三氯杀螨醇喷洒在墙角饵料上（用药一定要慎重，喷药时要戴口罩，施药后要把手清洗干净）。

7. 投喂

黄粉虫除筛选留足良种外，其余均可作为饵料使用。黄粉幼虫可以在蝎窝中生活 10 天左右，非常方便蝎的捕食。

投喂量须根据蝎龄的大小及蝎捕食的能力来确定。若给幼蝎喂较大的黄粉虫，幼蝎捕食能力弱，捕不到食物，会影响其生长，有时幼蝎还会被较大的黄粉虫咬伤。若给成年蝎喂小虫子则会造成浪费，所以应依据蝎的大小选投大小适宜的黄粉虫，一般幼蝎投喂 1～1.5 厘米长的黄粉虫幼虫较为适；在蝎取食高峰期，投虫量应宁多勿缺；蝎一般夜间出来捕食，要保证夜间有足够量的食物，防止蝎群互相残杀。

（二）地鳖虫的饲养

地鳖虫（图 3-3）属节肢动物门、昆虫纲、蜚蠊目昆虫，简称地鳖，又名土元、土鳖、地乌龟、簸箕虫。地鳖虫含高蛋白、低脂肪，是人类良好的昆虫食品，也是饲养蝎的优质昆虫饵料。

地鳖虫可以单独饲养，也可与蝎混养。与蝎混养（2 龄期的地鳖虫若虫也投放在池内，数量为每平方米 50 克即可），可从中节省养地鳖虫的人工费用，蝎吃不完的地鳖虫也可加工后出售，使蝎成为纯增利润的产品。

1. 生活史

地鳖虫一生分卵、若虫、成虫三个阶段。

（1）卵：地鳖虫的卵包在一个革质鞘袋中，称为卵鞘。卵鞘饱

雌成虫　　雄成虫

图 3-3　地鳖虫

满，棕褐色，状似豆荚，表面有数条稍弯曲的纵沟，边缘呈锯齿状。卵鞘长 1 厘米左右，宽 0.5 厘米左右，内有成双行互相交错排列着的卵粒，数量 6～30 个不等。

(2)若虫：刚孵化出的若虫呈乳白色，体形似芝麻。随龄期的增加，体色逐渐加深，变为棕褐色，体形变为椭圆形。若虫的雌雄在幼龄期间目测难以区分，待其发育到 4～5 龄时，可根据若虫中后背板后缘的形态特征加以鉴别：雄若虫该处着生翅芽，形成 45°盾形曲线；雌若虫翅芽退化，成 70°的弧形曲线。

(3)成虫：雌成虫无翅，体形扁平，呈椭圆状，背部稍隆起似锅盖，体长 3～3.5 厘米，体宽 2～2.5 厘米。虫体边缘较薄，背面棕褐色，稍有光泽，腹面为棕红色。头小，隐于前胸下，觅食时则伸出。有咀嚼式口器。触角丝状，前后粗细相等。有复眼和单眼，复眼大，位于触角外侧，呈肾形，两复眼之间的上方有 2 个单眼。胸部由 3 节组成，前胸背板呈三角形，中间有花纹，中后胸的背板较窄。腹部 9 节，呈覆瓦状排列，其中第 8～9 节向内收缩于第 7 节内。

肛上板扁平，近似长方形，中间部位有一小切口。胸部有足 3 对，较发达，足部胫节有细毛，多刺，基节隐藏于胸部腹面的基节窝内，跗节 5 节，末端有爪 1 对，无爪垫。腹部末端有 1 对较小的尾须。

雄虫体色较浅，为淡褐色，身体小于雌虫，体长 2.5～3 厘米，宽 1～1.5 厘米。腹部有 2 对翅膀，较发达。前翅革质，脉纹清晰可见，后翅膜质，半透明，平时折叠于前翅下。前胸后缘呈波状，腹部末端上方有尾须 1 对，下方有腹刺 1 对。

2. 生活习性

(1)栖息地：地鳖虫喜欢生活在阴暗、潮湿、腐殖质丰富、稍偏碱性的疏松土壤中。一般生活在鸡、鸭棚下，畜圈周围、地窖、厨房、灶脚、墙脚的松土层中；碾米厂、油厂、粮食及饵料加工厂、粮油仓库、柴堆草垛等场所的阴暗角落；以及室外石板下、枯树根处、垃圾堆中。

(2)穴居性：地鳖虫喜穴居。立冬前后，气温下降，开始冬眠，蛰居在向阳避风、距离地面 5 厘米深的土中越冬，翌年惊蛰后出土觅食。

(3)昼伏夜出：地鳖虫怕日光，尤其怕强光直射，白天进入浅土穴居，黄昏后(或阴雨天)出来四处活动、觅食或交配。

(4)冬眠性：地鳖虫属冬眠性昆虫。春季气温在 10℃以上时，地鳖虫开始出穴活动寻食，秋季气温降至 10℃以下时进入土中冬眠。

(5)食性：地鳖虫是一种杂食性昆虫，食性广泛，主要有各种菜叶、植物叶、水果皮、瓜瓤、无毒青草以及各种粮油下脚料和加工后的副产品。若虫和成虫，食性基本相同。人工饲养地鳖虫时，应以糠、麸、牧草粉、鲜牧草、甘薯叶、青割玉米、瓜果、南瓜等为主，这类饵料营养价值较高，适口性好，来源广，成本低。

(6)互相残杀性：地鳖虫的饲养密度大、湿度低、饵料缺乏时，会发生大虫吃小虫、壮虫吃弱虫、虫吃卵的现象。

(7)温、湿度:适宜温度15～35℃,最适宜温度25～30℃。春季气温在10℃以上时,地鳖虫开始出穴活动寻食,秋季气温降至10℃以下时进入土中冬眠。低于0℃时,处于僵硬状态,少数虫体死亡。温度上升到35℃之后,生长速度减慢,产卵量大大减少。

地鳖虫喜欢在阴暗、潮湿、腐殖质丰富的疏松土壤中生活。土壤适宜含水量15%～20%。幼虫宜偏干,成虫宜偏湿。适宜空气相对湿度70%～80%。

3. 养殖方式与设备

(1)养殖方式:饲养地鳖虫可采用缸养、盆养、池养和立体多层养殖台等方式,下面介绍三种。

①缸养:缸口径50～60厘米,缸深30～50厘米。缸内壁要光滑,以防地鳖虫外逃。缸盖要有能通气的孔。缸底铺3～7厘米厚的小石子,其上再铺6～7厘米的湿土并夯实夯平。湿土上面再放15～20厘米左右的饲养土。为节省空间,可5～10只缸叠起来放。上下缸之间垫草圈或草箍。冬季为了保温,可将缸的一半或全部埋入地下。

②池养:比较适合较大规格的生产养殖。选择旧房或专用房做养殖室。为利于低温季节加温控温养殖,房舍应密闭、无漏洞,要开有前后窗,房内建养殖池。养殖池大小根据房舍面积而定,一般池长、宽各1米,高0.5米。池底整平夯实,四周表层抹水泥,使表面光滑。池壁内侧上缘贴5厘米宽的玻璃条或胶带,防止地鳖虫逃跑。池内放养殖土20厘米厚。若虫和成虫按不同时期分开养殖。

③箱式立体养殖:将相同规格的饲养箱重叠起来,可以进行立体集约化养殖。先做好木箱与架子。架子可用钢筋、角铁焊接或用竹、木搭架,也可用砖、水泥板等材料建筑垒砌。养殖箱长50厘米、宽35厘米、高30～50厘米,放在饲养架子上,一般放4～5层。

在箱中垫10～20厘米饲养土，上面加盖透气的防逃网。养殖时，注意通风换气、调节温度与土壤湿度，保持土壤的清洁与室内卫生。

(2)养殖用具：养殖地鳖虫最常用的工具是筛子。筛子分五种：1号筛，筛孔内径10毫米，用于筛取成虫；2号筛，筛孔内径7毫米，用于分离7～8龄若虫；3号筛，筛孔内径4毫米，用于筛取卵鞘；4号筛，筛孔内径3.5毫米，用于筛取刚孵化出的若虫；5号筛，筛孔内径1.2毫米，用于分离初孵化若虫和筛取初孵若虫身上寄生的粉螨。筛子大小以实用、方便为宜。

此外，还有卵鞘孵化器(可使用缸、铁桶、木箱、塑料盒、塑料盆等)、喷雾器、干湿温度计、食料板等。

(3)饲养土：人工养殖地鳖虫，饲养土是地鳖虫的主要栖息场所，直接关系到地鳖虫生长发育。要求饲养土土质肥沃、疏松、含水量15%左右、颗粒适中(用4目筛筛过的颗粒)以及没有被化肥、农药等污染，呈中性或弱碱性。配制饲养土时，要求各组分在太阳光下暴晒消毒，混合均匀，加水调湿，使含水量15%左右。饲养土的使用厚度，1～4龄虫7～10厘米，5～8龄虫16～20厘米，9～11龄虫和成虫20～26厘米。常用的饲养土配方如下：

①将稻糠灰(粗糠焚烧而成)、锯末、壤土按1∶1∶1配比加入适量的水充分拌匀。

②锯木屑40%，泥土50%，10%草木灰或焦泥灰，混合均匀后加水发酵1周。

③堆肥土加1%～2%已风化的石灰粉。

④泥炭加1%～2%已风化的石灰粉和适量砻糠灰。

⑤松土加10%～20%已腐熟的畜禽粪和1%～2%已风化的石灰粉。

4. 饵料

主要是粮食、油料加工后的副产品和下脚料，如碎米、大麦、高粱、玉米、小麦、麦麸、米糠、晒干的粉渣等。一般均可生喂，或炒成半熟略带芳香味，更适口，但不得炒焦。也可用各种蔬菜、农作物的茎叶等。人工饵料配合如下：

(1)玉米粉52%，骨粉5%，麦麸26%，豆饼10%，鱼粉5%，菜叶粉2%。

(2)发酵鸡粪50%，秸秆粉30%，青饵料20%。

5. 饲养管理

养殖前，清理饲养场地，饲养室窗户和通气口安装纱窗。饲养房、饲养池、饲养用具使用前消毒。每立方米空间用1%漂白粉澄清液10～30毫升，或用0.1%的新洁尔灭溶液，对空喷雾消毒；用1%～2%的福尔马林溶液、或用3%～5%的甲酚皂溶液对墙壁、室顶、饲养池喷雾消毒。

(1)饲养密度：1～3龄若虫每平方米6000～10000只，4～6龄若虫每平方米3000～5000只，7～9龄若虫每平方米1500～2000只，10～11龄若虫每平方米1000只左右，种虫每平方米400～500只。

(2)分档管理：一般分1～3龄若虫、4～7龄若虫、8～11龄若虫、成虫分档饲养管理，以免地鳖虫有大虫吃小虫、壮虫吃弱虫。

(3)喂养：低温月份隔天喂1次，高温月份每天喂1～2次。夏秋高温季节，每天要加喂1～2次青饵料。精料傍晚前后投放，青料早晨投放。每天喂食后应观察饵料余缺情况，原则上掌握精料吃完，青料有余。4龄前的小若虫，将饵料均匀地撒在养殖土表层即可。5龄以上若虫和成虫，在饲养土表放置一至数块薄木板或塑料纸板作为饵料板，将精饵料放在饵料板上，青饵料可直接放在饲养土上。地鳖虫蜕皮前后食量减少应少喂，蜕皮期间停止取食则不喂。当发现饲养土表面有许多虫皮，或体色较浅的个体多时，说明大部分虫子已蜕完皮，急需大量食料，要及时恢复正常喂食。

冬眠期可不喂食，但气候突然变暖，发现有虫出土活动时，也应适量撒点精饵料供其取食。

(4)供水：夏季在饲养池内设几个小水盆，供地鳖虫饮水，并经常向池内洒水。冬眠时应避免池内长期干燥。在喂给半干湿料的情况下，春秋季节应保持池内湿润(饲养土湿度 20%)。

(5)换饲养土：地鳖虫饲养池中的饲养土，是主要的栖息场所，一般情况下 1 年更换 1 次。

(6)分离雄虫：若虫发育到 7～8 龄时，留雌虫数的 25%的健壮雄虫满足交尾的需要，去除过多的雄虫做饵料。雌雄虫的区别：雌虫胸背部 3 条横纹的第 2、第 3 条弧成月牙形，弧角 70°左右，雄虫弧角 40°左右；雌虫腹部有 4 条横纹，雄虫有 6 条；雄虫腹末端尾须之间有一条横纹连结，雌虫横纹离尾须较远；爬行时，雄虫六足竖起，姿态较高；雌虫六足伏地，姿态较低。

(7)选种：发现雄虫出翅后要及时选种。选择发育早、体形大而健康、反应能力强、爬行速度快的雌成虫留作种虫，集中于一池饲养，同时选择占雌虫数 25%左右的健壮雄虫进行交尾繁殖，产生优良后代。这种工作每隔 5～7 天进行 1 次，直到留够自己需要的留种雌虫数为止。留种雌虫养殖密度为每平方米 400～500 只包括雄虫在内)。留种雌虫新产的卵鞘，大部分为优质卵鞘，要筛选留做种卵鞘。雌成虫体长 2～3 厘米，宽 1.5～2.0 厘米，无翅，形如龟鳖，黑色而具光泽，腹部和足呈棕色。雄成虫体长 2 厘米，宽约 1.2 厘米。前胸前缘呈波状，具翅 2 对，前翅革质，后翅膜质，呈淡灰色。腹部灰白色。头上生有 2 根比雌成虫长约 1 倍的触须。

(8)及时采收老龄成虫：已经产完卵的老龄成虫，腹部干瘪，身体扁平，体表失去了光泽，体型收缩，要及时采收加工。同时，要及时采收不适宜做种的雌成虫做饵料。

(9)筛取卵鞘，及时孵化：地鳖虫在饥饿或环境不利的情况下会食卵鞘，为避免这一损失，应及时将所产卵鞘取出放入孵化池或孵化缸内待孵。筛取时，宜用相应孔目的套筛，动作要轻，以免损伤卵鞘，碰伤母虫。

在盆内盛满与室内温度一样的清水，把装有卵鞘的6目筛置于盆中，轻轻漂动，洗去泥土，然后晾干。清洗动作要轻巧，要求2分钟内清洗完毕。用钵、盆、缸等孵化。按孵化土与卵鞘1∶1的比例把卵鞘拌匀于孵化土中。每天翻动1次孵化土，3天左右换土1次。如果孵化土湿度偏低，可将孵化土筛下，适量加水调和拌匀，再行使用，或换土。孵出幼虫后，先用6目筛筛出卵鞘，筛出的卵鞘再按1∶1的比例拌入新鲜孵化土，放入容器中继续孵化。再用17目筛筛出刚孵化的若虫，放入饲养缸或饲养盒中饲养，待蜕完第1次皮之后，移入幼虫池饲养。

(10)越冬管理：立冬前后，气温下降到10℃以下，地鳖虫进入冬眠。管理要点如下：冬眠前半个月要翻饲养土1次，检查饲养土中是否有害虫隐藏。越冬前1个多月中，适当增加精料和蛋白质饵料，以增强体质。增加饲养土厚度，以利保温，饲养土的湿度可稍干一些。虫体休眠后，饲养土上面覆盖2厘米厚的砻糠灰或草木灰，坑池上加盖6厘米厚的稻草或草帘。

6. 病害防治

(1)大肚子病：又称鼓胀病、腹胀病、肠胃病，属生理性病害。由于池内过于潮湿，饵料含水量较大，地鳖虫暴食脂肪性饵料后，体内水分营养积累过多而引起。常发生在地鳖虫刚刚开始活动取食的4、5月份和即将冬眠的9、10月份。在梅雨潮湿季节也常有发生。病虫表现为腹部膨胀而发亮，头部变尖，粪便稀。

防治方法：高温潮湿季节，注意调节饲养土的湿度不超过10%，青绿、多汁饵料要注意含水量。打开门窗通风换气，降低养殖土湿度，或更换新土。按每0.5千克饵料加氯霉素粉4克、酵母片6片（研末）的比例搅拌均匀，连续投喂3～4次。100千克精料加1～1.5克土霉素或100克黄连粉或大蒜，每天1次，连喂3天。在每千克饵料中加入2克酵母或食母生片和1克复合维生素B片，每天投喂1次，连喂3天。

（2）萎缩病：又称湿热病。由于饲养土干燥、虫口过密、土无身体缺水或营养不良而造成。常发生在7～9月份。病虫表现为腹面暗绿，有斑点，脚收缩，触须下垂，全身柔软，行动呆滞，蜕皮困难，晚上不食，白天大部分爬出土面萎缩而死。

防治方法：调节饲养土湿度，保持不干不湿。调节虫体密度，减少虫体拥挤和虫体的发热量。高温时，要打开饲养室门窗，地面喷水，防止闷热，降低室温；饵料宜拌得稍湿一些，并增喂一些青绿多汁饵料；精料用2%的盐水拌成与饲养土一样的湿度，边拌边喂。对患病地鳖虫，筛选出来后，用2%浓度的食盐水，喷湿虫体。

（3）绿霉病：又称软瘪病或体腐病，是严重危害地鳖虫的主要疾病之一。由于养殖土过湿，剩余饵料发酵霉烂，使地鳖虫受到真菌感染。梅雨季节，气温高、湿度大时最易发生。病虫表现为腹部呈暗绿色，有斑点，六足收缩，触角下垂，全身瘫软，行动呆滞，晚上不出来觅食，白天爬出土面死亡。

防治方法：控制养殖土湿度，调整虫口密度。消毒养殖池，对拣出的虫体用0.5%的福尔马林溶液喷洒灭菌。饵料中用0.25克氯霉素或金霉素、土霉素、小苏打拌入0.25千克麦麸中喂地鳖虫，连喂2～3次，直到痊愈。

（4）卵鞘霉腐病：又称卵鞘白僵病、卵鞘曲霉病。由于卵鞘存放和孵化期间，卵鞘因受伤或感染而导致霉变。发霉的卵鞘，内中卵粒腥臭，并在卵鞘口上长出白色丝菌。

防治方法：孵化土要经暴晒或蒸汽消毒。孵化时，每隔3天应筛一次，将筛出的幼虫放入幼虫缸内饲养。保持孵化土一定的湿度。

(5)线虫病:线虫寄生在卵鞘和地鳖虫的肠道内,使卵鞘发霉腐烂和使虫体消瘦早衰、腹泻、产卵量减少,甚至死亡。

防治方法:及时烧掉患病虫体和卵鞘,更换新土,对饲养池进行消毒、杀虫处理。要清洗青绿多汁饵料。

(6)蚂蚁:饲养室外,沿地基四周挖水沟,水沟宽 10～15 厘米,深 15～20 厘米,并灌满水。在饲养室外墙四周,撒一些生石灰,使蚂蚁不敢进入室内。用氯丹粉 50 克加黏土 25 克,用水调成浆状,用毛笔或刷子蘸上后在饲养室内墙四周划一条线,可有效地防止蚂蚁入侵。把骨头放入池内,诱杀蚂蚁,蚂蚁爬到骨头上后立即取出骨头,放入开水中将蚂蚁烫死。用 25 克蜂蜜、25 克硼砂、25 克甘油、250 克温水混合拌匀,放在饲养场的四周诱杀蚂蚁。如养殖池有大量蚂蚁,应将地鳖虫用筛子筛出,更换新饲养土。

(7)粉螨:卵鞘孵化期间,筛出卵鞘后,用 0.5%高锰酸钾水溶液冲洗卵鞘,或用紫外灯照射,可杀死卵鞘上螨虫卵。及时清除死虫,清扫池面污物、霉变食物。饲养土应先日晒,消毒后再用。虫害发生后可用豆油、香油拌和面粉或用炒熟的肉骨头、鱼等作香饵,白天放在饲养板上诱捕螨,每隔 1～2 小时清除 1 次(用开水冲泡或复炒后可再用),连续多次,效果较好。

7. 投喂

1～2 龄地鳖虫若虫是 2～3 龄幼蝎的最佳食物。如果土鳖虫龄期过大,蝎难以采食后,可加工药材出售。

8. 采收

单独饲养地鳖虫的 7～8 龄的雄若虫、老龄雌成虫、产卵后虫体干瘪的雌成虫及病虫、死虫均可采收进行加工。与蝎混养的可把蝎吃剩下的地鳖虫进行加工。

当同一批若虫中有少量发育早的雄虫羽化时,表明大量雄虫将开始蜕皮羽化。雄虫过多,不但消耗饵料,而且占据饲养场所,应抓紧时机去雄采收，只留10%左右的雄虫，让其羽化作种虫。去雄时，应将同一批孵化的，同龄中健壮、活泼、体型大、色泽鲜艳、肢体齐全的雄虫保留下来，把那些体小质差、干瘪无力的雄成虫挑出来。对那些留种的雄若虫和雌虫，待长到一定阶段时，结合去雄和留种，可把发育完全的淘汰雌虫以及产卵率明显下降的雌虫也采收加工（雌虫个体丰满，折干率高，且质量也好）。

9. 地鳖虫的加工

地鳖虫的加工可分为晒干和烘干两种方法。

(1)晒干：采收后，先去掉杂质，然后用含盐3%的开水将其烫死。捞出后用清水洗净，在竹帘或平板上摊开，在阳光下晒3～4天，虫体完全干燥后即成。

一般情况下，雌虫折干率为40%左右，雄虫折干率为32%左右。

(2)烘干：将采收洗净后的地鳖虫放入锅内，用文火烘炒。当虫足尖端微粘锅铲时将虫取出，均匀摊开放在金属筛内，置于炉火上，用燃料余热烘烤，虫体干燥后即成。烘干时，每次数量不宜太多，以免翻炒时将虫体铲碎。

(三)蝇蛆饵料的培育

苍蝇（图3-4）生长繁殖速度惊人。据测算，一对苍蝇4个月能繁育2000亿个蛆。从卵发育到成虫，一般仅需10～11天，如果到出产品，3～4天即可。养殖技术简单，周期短，见效快。蝇蛆也是蝎的昆虫饵料，但饲喂前要进行消毒处理，蝎吃剩下的蝇蛆要处理清理。

养苍蝇可在室内进行，不受季节和气候条件的影响。遗弃的禽、畜养殖房等均可用于养殖蝇蛆。若有加温控温条件，一年四季均可养殖。蝇是杂食性、腐食性昆虫，可以利用米糠、麦麸、酒糟、

图 3-4 苍蝇

豆渣、果渣、鸡粪、牛粪、猪粪等多种培养料来饲养。

1. 生活史

苍蝇是完全变态昆虫。它的发育过程分为卵→幼虫(蛆)→蛹→成蝇四个时期。不同蝇种的发育时间受温度和环境的影响而不同,如常见的家蝇,在 16℃时完成整个生活史需 20 天,但在 30℃时只需要 10～12 天。

(1)卵:乳白色,香蕉型,前端尖,后端圆,往往几十个或几百个堆在一起。卵发育时间的快慢根据当地的温度而异,温度高时发育快,温度很低,即停止发育。南方一般在 13℃以下,北方在 8℃以下,即不能孵出。卵需要高湿,相对湿度低于 90%,则死亡率高。

(2)幼虫(蛆):蝇蛆的活动范围一般在孳生物 10 厘米以内,接近地表处,以腐烂有机物质为食料,气温和营养条件适宜,幼虫期约需 3～5 天。

(3)蛹:成熟幼虫化蛹之前停止取食,即离开高温、高湿环境,爬行到附近干松的土层中静止化蛹。蛹期一般 3～5 天。

(4)成蝇:成熟的蛹破壳而出,羽化为成蝇。刚羽化的蝇为苍白色,外皮柔软,经数小时才能飞行,这一特点有利于杀灭。成蝇羽化后不久即交配，一生产卵约 3 次，多至 4～6 次，每次产卵约 100～150 个。

2. 生活习性

(1)幼虫生活习性：幼虫有畏光性，一般群集潜伏在饵料表层下 2～10 厘米左右摄食。成熟后，摄食停止，并开始离开潮湿的食场到光暗而干燥的地方或较干的食渣内准备化蛹。

(2)成虫生活习性

①交配、产卵：雄性羽化后 18～24 小时，雌性羽化后约 30 小时，达到性成熟，开始交配。绝大多数蝇一生仅交配一次，雄蝇的精液能刺激雌蝇产卵，贮存在雌蝇受精囊中的精子能延续 3 周或 3 周以上，使陆续发育的卵受精，所以雌蝇交配一次可终身受精。

雌蝇产第一批卵的时间长短与温度关系密切，在 35℃时，产卵前期为 2 天，15℃时为 9 天，15℃以下一般不产卵。蝇有卵小管约 100 支左右，所以每批产卵达 100 个左右，每只雌蝇一生能产卵 10 余批，甚至达 20 批，但每批卵数逐渐减少，一般每只雌蝇终身产卵 4～6 批，每批间隔 3～4 天，终身产卵 400～600 个，多达 1000 个左右。绿蝇为 28～30 天，大头金蝇为 20 天。

②食性和取食行为：苍蝇食性复杂，到处都有它的食源，但不同蝇种，食性有差异。苍蝇取食的行为很特殊，当它接触到食物时先利用足上和喙上的化学感受器辨尝味道，然后取食，取食次数频繁，每几秒取食一次，边吃边吐边拉。

③活动和栖息：苍蝇有趋光性，白天活动，夜间栖息。苍蝇的活动受气温影响。在 4～7℃时活动力很弱，30～35℃时最活跃；45～47℃时死亡；30℃以上停留在荫凉处，秋凉和冬季在阳光下取暖。下雨、刮风入侵室内。

④飞行和扩散：蝇每小时能飞行 6～8 千米，一般活动范围在 1～2 千米以内，常在孳生物 100～200 米半径范围内活动取食。

苍蝇的扩散受风向、风速、气味等多种因素影响，还可通过飞机、轮船、汽车等交通工具以及农副产品进入城市，形成被动扩散。

⑤寿命：苍蝇的寿命与温度、湿度、食物以及苍蝇的活动频率有关，通常雌蝇比雄蝇寿命长，雌蝇的寿命一般为 30～60 天，越冬可达半年之久。

3. 养殖方式与设备

饲养成虫分舍养和笼养两种，前者适宜大规模工厂化饲养，需要严防逃逸。后者既适合大规模工厂化饲养，也适宜小规模饲养。我国目前普遍采用笼养来饲养成虫。

(1)养蝇房(图 3-5)：种蝇要在蝇房饲养。种蝇房的大小，根据需要建造，也可用旧房改装。门和窗安装玻璃和纱窗，以利调温，壁上安装风扇，以调节空气。房内宜有加温设备，使冬天温度保持 20～32℃，房内相对湿度保持为 60%～70%。

图 3-5　养蝇房

为了防止成虫偶然逃逸，造成扩散，或外界成虫飞入饲养房内干扰，养蝇房应设置纱门、纱窗，严加防范。还要特别注意预防老鼠、蚂蚁、蟑螂、蟋蟀等敌害生物，特别是老鼠和蚂蚁的侵害。

另外，利用塑料大棚养殖苍蝇也是一个比较好的方法。塑料大棚长 20 米、宽 4 米，低墙高 2 米、高墙高 3 米。在棚中设置立体纱网，在网中养苍蝇。

(2)蝇笼：饲养成虫的笼子根据饲养规模和条件的不同，可大可小。小笼的规格一般为，长50厘米、宽40厘米、高30厘米。这种笼子可以饲养7000～8000个成虫，即每只成虫可占空间7.5～8.5立方厘米。大笼的规格可加1倍或加数倍，饲养成虫的数量也可相应地增加其倍数。无论大笼小笼，均用2毫米网眼固定的窗纱缝制为好。即先将好的窗纱缝成一个密封的方袋状，并在一方的下边开一个横向15厘米、高5厘米左右的小口，在口外再缝上一个相应大小的纱布套，并在笼子的8个角上缝好带子。使用时，将笼子的8个角挂在相应的钉上或棍上，如同挂蚊帐一般，并将笼底托在一个平板上。

4. 饵料

(1)蝇蛆食料：麦麸、米糠、酒糟、豆渣等，均可用于蝇蛆养殖。也可利用发酵过的人、畜粪便，动物废弃物。蝇蛆嗜食猪粪、鸡粪、鸭粪等畜禽粪便。种蝇饵料可用畜禽粪便、打成浆糊状的动物内脏、蛆浆或红糖和奶粉调制的饵料。或用1份黄豆浸水磨浆，放入20份水中搅匀，再加6份鲜禽畜血，盛于平底皿中的海绵上。

(2)饵料配方

①蝇蛆饵料：33.3%猪粪和66.7%鸡粪，或猪粪66.7%、鸡粪33.3%混合发酵腐熟。

②种蝇饵料：20克红糖，10克奶粉，混合溶于100毫升清水中。

5. 饲养管理

(1)蝇种选育：首先应该选择个体健壮、产卵量高、正值产卵盛期的蝇群的卵块进行强化饲育，即适当稀养，食期添加一部分自然发酵2～3天的麦麸、米糠等，勤加食，勤除渣，使幼虫健壮整齐。

一窝幼虫，虽然饲养管理周到，化蛹仍有2～3天甚至4～5天的先后之差。因此，应选虫体大小、色泽基本一致的幼虫，放在 10 厘米左右深的盆内，再将这个盛有幼虫的盆放在另一个较大较深、盆底盛有一薄层糠粉之类比较干燥的粉状物的盆内，盆上加盖纸等物，使盆内保持黑暗通风。

成熟的幼虫排干体液后，就会纷纷从粪渣里面往盆外逃逸而掉进大盆底上粉状物内，准备化蛹。如果幼虫阶段发育整齐，1～2 天内大部分幼虫可以逃逸出来而化蛹。一般以 1～2 天内获得的虫体较好，剩下的可作饵料处理。逃逸出来的虫体要放在黑暗、通风、安静的环境中，平铺 2～3 层，待其化蛹。

等到蛹体外层颜色变为褐色，即化蛹 2～3 天后，用称重或测量容积的方法计数，或先数 1000 个蛹，称重，然后按比例称取所要的个数重。或先数 1000 个蛹，用量筒测容积，然后按比例量取所要求的个体容积。计数以后分别用纱布包好，浸入 $(1～2)\times10^{-4}$ 的高锰酸钾溶液中消毒 5 分钟，洗净脏物，放入成蝇笼内让其孵化。在正常情况下，如化蛹整齐，而且体质健壮，绝大多数蛹体会集中在 1～3 天内羽化完毕。

(2)成虫饲养：在温度为 25～28℃，湿度为 50%～60%的环境中，饲养成虫的效果最好。

①调节温湿度：放养蝇蛹前，将养蝇房温度调节到 24～30℃，相对湿度调节到 50%～70%。

②放养蝇蛹：笼子和其他准备工作做好之后，将蝇蛹用清水洗净，消毒，晾干，盛入羽化缸内，每个缸放置蛹 5000 粒左右，然后装入蝇笼，待其羽化。

③投喂饵料和水：待蛹羽化(即幼蛹脱壳而出)5%左右时，开始投喂饵料和水。饵料放在饵料盆内。如果饵料为液体，则在饵料盆内垫放纱布，让成蝇站立在纱布吸食饵料。在种蝇的饵料可用畜禽粪便、打成浆糊状的动物内脏、蛆浆或红糖和奶粉调制的饵料。目前，常用奶粉加等量红糖作为成虫的饵料。如果用红糖奶

粉饵料，每天每只蝇用量按1毫克计算。以每笼饲养6000个成虫计算，成虫吃掉20克奶粉和20克红糖后，可以收获蝇蛆30千克。

饲养过程中，可用一块长、宽各10厘米左右的泡沫塑料浸水后放在笼的顶部，以供应饮水，注意不要放在奶粉的上面。奶粉加红糖和产卵信息物（猪粪等）分别用报纸托放在笼底平板上，紧贴笼底。成虫便可隔着笼底网纱而吸水、摄食和产卵。

也可在笼内放置饲水盘供水，饲水盘要放置纱布。每天加饲养料1～2次，换水1次。

④安放产卵盘及产卵信息物：当成虫摄食4～6天以后，其腹部变得饱满，继而变成乳黄色，并纷纷进行交尾，这预示着成虫即将产卵。在发现成虫交尾的第二天，将产卵盘放入蝇笼，并把产卵信息物放入产卵盘（或将猪粪疏松撒在报纸上，其下垫上薄膜塑料和硬纸板，放在笼底平板上，以便于成虫产卵）。目前常用猪粪作引产信息物，其引产的效果较好，但是容易粘污笼壁，因而应当经常擦抹。也可用猪粪浸出物浸湿滤纸作为引产信息物，它虽不会污染笼壁，但容易干燥而影响引产效果。引产信息物也可用人工调制：麦麸用0.01%～0.03%碳酸铵水调制，再放些红糖和奶粉，含水量控制在65%～75%，混合均匀后盛在产卵缸内，装料高度为产卵盘的2/3，然后放入蝇笼，集雌蝇入盘产卵。

⑤收卵：每天收卵2次，中午12时和下午16时各收集一次。每次收卵后将产卵盘中的卵和引产信息物一并倒入培养基内孵化，并重新换上新的引产信息物。如此反复进行，直到成虫停止产卵为止。

⑥淘汰种蝇：成虫在产卵结束后，大都自然死亡。死亡的成虫尸体太多时，应适当清除。清除尸体的工作应当在傍晚成虫的活动完全停止以后进行。当全部成虫产卵结束后，部分成虫还需饥饿2天，才可自然死亡。也可将整个笼子取下放入水中将成虫闷死，或用热水或蒸汽杀死。淘汰的种蝇可烘干磨粉作畜禽饵料，淘

汰种蝇后的笼罩和笼架应用稀碱水溶液浸泡消毒，然后用清水洗净晾干备用。

(3)雌雄苍蝇分离：一般羽化后6～8天，雄雌两性已基本交配完毕，可适时分离雄蝇，用以饲养蝎。

①在蝇笼内改产卵盘为产卵缸（普通茶缸），内盛半缸含水量70%的麦麸，麦麸上放入少量1%～3%的碳酸铵溶液，再放些红糖和奶粉。这种方法可较好地引诱雌蝇产卵。待缸内爬满雌蝇后，将预先制作的纱网袋（大小以能套入为准）悬吊在蝇笼内产卵缸上方，轻缓地放下罩住缸口，轻击缸体，雌蝇即全体飞起，进入纱网袋。

②用有黏性的红糖水浸湿雌活蝇，抖落进容器中，将其捣碎，加上10倍的清水，用卫生喷雾器对蝇笼纱网喷雾（以湿润不滴水为度）。这时已完成交配使命的雄雌蝇虫，在笼中诱卵缸和笼网雌诱液的双重作用下，96%以上数目的雄蝇攀停在笼网上，雌蝇大量落停在产卵缸中。

③将爬满雌蝇并被罩住缸口的产卵缸移出，放入另一新蝇笼，反复5～10次，待缸内不再有大量雌蝇光顾时，把产卵缸取出，即可把笼中的雄蝇作为活体饵料用以饲喂蝎或其他动物。收拢笼中雄蝇的方法有两个：一是将蝇笼中盘、缸类取净，将纱网蝇笼中的雄蝇收拢，捣碎混入饵料，可饲喂蝎等；二是活蝇用浓糖水浸湿，撒上饵料粉，抖落进盆、槽等容器中，任其爬行，可饲喂蝎等。

④将收拢捣碎的雄蝇肉浆，加入到产卵缸中，引诱雌蝇入缸产卵，驱避雄蝇，可为雄雌蝇虫分离带来方便。

⑤羽化的苍蝇生活期为23天左右。15日龄后，随着雌蝇体的老化不再产卵，这时可趁蝇体尚未衰竭，含有充分营养成分之机，将蝇笼中盘、缸水具及食具取出，将纱网蝇笼收拢，利用苍蝇活体喂蝎。

(4)蝇蛆饲养

①饵料：将麦麸加水拌匀，湿度维持在 70%～80%，盛入培养盘。一般每只盘可容纳麦麸饵料 3.5 千克。或用发酵腐熟的猪粪、鸡粪为饵料。将卵粒埋入培养饵料内，让其自行孵化。一般按 10 千克饵料接种 8 克(约 4 万粒)蝇卵。

②饵料的厚度：一般以 3～5 厘米为宜，夏天不超过 3 厘米。

③培养：温度以 25℃左右为宜。

④适时翻动：培养饵料随着蛆的生长和饵料的发酵，盘内温度逐渐上升，最高可达 40℃以上，这会引起蝇蛆死亡，因此要注意降温。

6. 病害防治

要特别注意预防老鼠、蚂蚁、蟑螂、蟋蟀等敌害生物，特别是老鼠和蚂蚁的侵害。

7. 采收

(1)适时收获：在 25℃左右气温条件下，蝇卵于接种后 8～12 小时孵出蝇蛆，经过 4～5 天，蛆变成黄色时即应收集利用。方法是利用蝇蛆怕光的习性，将料盆置于强光下(露天池就在晴朗的白天进行)，蛆便往下钻，把表层粪料取走，重复多次，最后剩下少量粪料和大量蝇蛆，再用 16 目孔径的筛子振荡分离。分离出的蝇蛆洗净后，可以直接用来饲喂蝎或其他珍禽，也可将蝇蛆放在 50℃条件下烘烤，干燥后加工成粉，贮存备用。

(2)蝇蛆留种：收集蝇蛆时，先用网孔较大的筛子分离出少量体大的蝇蛆，留作种用。将种用的蝇蛆接种在盛有充分发酵、腐熟的畜禽粪料盆中，继续培养。蝇蛆在培养基内发育老熟后，便爬到表层化蛹，这时盆内培养基不宜翻动，待蝇蛆基本化蛹完毕，就可淘蛹晾干，培养种蝇用。

8. 消毒

蝇蛆一般带细菌比较多，在喂蝎前要对蛆体进行消毒灭菌处理。

(1)高锰钾溶液的消毒：首先将活体蝇蛆在清水中漂洗 2 次，除去蛆体上的污物；然后用 0.001%的高锰酸钾溶液浸泡 3～5 分钟即可捞起直接投喂。

(2)病虫净药液的消毒：病虫净为中草药剂，其药用成分多为生物碱及醣苷、坎烯、脂萜等多种低毒活性有机物质，故在一定的浓度之内既可达到彻底消除蚓体内外的病毒、病菌及寄生虫。

(3)吸附性药物消毒：将 0.3%的磷酸酯晶体倒入 3000 毫升的饱和硫酸铝钾（明矾）水溶液中，进行充分的搅拌。待溶液清澈后，将清洗后的蝇蛆投入，浸泡 1～3 分钟。当观察到溶液中有大量絮化物时，即可捞出投喂。

(四)洋虫

洋虫（图 3-6）为又名九龙虫，是一种国内外广泛分布的仓库害虫，同时也是一种重要的资源昆虫，具有很高的药用和饲用价值。由于洋虫具有发育历期短、繁殖力强、易人工养殖、易人工控制、无污染及经济价值高等特点，从而开始备受人们的关注。洋虫是蝎十分喜爱的食物，对蝎的生长发育有极大的促进作用。

1. 生活史

洋虫是完全变态昆虫，一生也要经过卵、幼虫、蛹、成虫四个阶段。洋虫个体只有黄粉虫的一半。

(1)成虫：体长 5.5～7.0 毫米，长椭圆形，除上唇、触角、足及腹面棕褐色外，其余为黑色或黑棕色。触角 11 节，基部 1～4 节较小，呈念珠状，5～10 节较大，宽大于长，呈扁珠状，末节呈圆形，触角着生多数白色短毛。鞘翅长 4.0～4.4 毫米，宽 1.4～1.7 毫米，

成虫 幼虫

图 3-6 洋虫

鞘翅两侧缘近平行，末端狭圆，鞘翅外缘和后缘下垂内折，每个鞘翅上有 8 条由基部伸至端部平行的刻点纵线，纵线间有多数小刻点。足侧扁。腿节基部腹面有一撮茸毛，胫节和跗节腹面也着生黄色毛。胸略长于腹部，胸和腹部腹板具小刻点和白色短毛。

(2)卵：长 0.8～0.87 毫米，宽 0.25～0.3 毫米，长圆柱形，浅乳白色。

(3)幼虫：体长 8.1～9.3 毫米，黄褐色，头和臀节褐色，口器黑褐色，中胸有气门一对，腹部有臀足 1 对。

(4)蛹：长 5～7 毫米，淡褐色，复眼黑褐色，第一至第八腹节两侧有黑褐色弧形齿状脊突，腹末节腹面雌雄各异，雄虫有一对乳状突起，雌虫没有。

2. 生活习性

洋虫幼虫对温度要求很严，只在 25～35℃才能正常发育，越冬时可放在房(棚)内。对湿度要求也严格，饵料含水量应在 15%左右，过高过低均不利于生长发育。

洋虫生活周期很短，只要温湿适宜，一代仅需 40 天左右即可完成。

3. 养殖方式与设备

与黄粉虫相似，洋虫也采用室内盒养。只是由于其个体小，饲养盒可以略小一些。其管理方法也基本相同，可以参照进行。

4. 饵料

洋虫的饵料配比要求更严。除了玉米面、小麦粉、大麦粉、油饼、麦麸以外，还需加入复合维生素B、维生素C以及少量土霉素等。而且，除了投喂谷物类饵料以外，还要经常加入一些花生米、熟白薯干等。

另外，应覆盖一层菜叶，以改善饵料水分状况，保持饲养箱内一定的湿度。

5. 饲养管理

参考黄粉虫的管理。

6. 投喂

洋虫尽管最为蝎所喜食，但是其饲养所得量往往较小，一般可作为蝎的补充饵料，老熟幼虫只在小蝎2～3龄期间进行补饲，以促进其迅速生长发育。洋虫在蝎窝内存活的时间也较长，不易死亡。

(五)潮虫

潮虫(图3-7)又名鼠妇，是一种甲壳纲动物，属等足目、平甲虫科。可作为蝎的一种辅助饵料，与其他几种食物一起投喂。

1. 生活史

潮虫为卵生，孵出后不再变态。只有幼虫、成虫之分。形态为扁平的椭圆形，7对胸足，长约0.5～1厘米，体灰褐色，常生于室内阴暗潮湿之处。

图 3-7　潮虫

2. 生活习性

潮虫视觉不发达，但具有爬行、攀附能力，常背着光源爬行，往黑暗中躲藏。它有冬眠习性，每年 11 月中下旬至次年 3 月底 4 月初为冬眠期。

潮虫适宜在室温、高湿下生存，吃食各种植物、加工品以及昆虫尸体等。

3. 养殖方式与设备

潮虫的饲养可在缸、盆内及室外砌窝进行。其栖居环境注意保持用菜叶、树叶遮荫保湿即可，其饵料采用混合饵料，并投喂薯类块根块茎。另外，为保持湿度，应经常向饲养窝内洒水。

值得注意的是，尽管潮虫喜群居，但饲养密度仍不宜过大。

4. 投喂

适时筛取潮虫喂食蝎。

第四章　蝎的生长发育与繁殖

蝎具有较强的适应生活环境的能力，野生蝎若在温、湿度等环境条件适宜的情况下，即使缺食 8～9 个月仍不至饿死。常温下，蝎从仔蝎到成蝎需要 3 年左右的时间，繁殖期为 4～5 年，每年产 1 胎，寿命 7～8 年，产仔期约 5 年。在常温条件下的人工养殖蝎与野生蝎的生活史基本相同，但由于家养蝎受到人为的保护和管理，因而其一般生长发育和繁殖都优于野生蝎。而在温度 26～38℃的条件下，可以部分地改变蝎的生活习性，各龄期的蜕皮间隔时间也明显缩短，从仔蝎到成蝎只需 9～10 个月，交配过的雌蝎 4～5 个月便可繁殖 1 次，全年能繁殖 2 次，养蝎的效益可明显增加。

第一节　蝎的生活史

蝎具有变温动物的共同特性，即在 1 年的生长发育周期中，随着气候的变化而表现出不同的生活方式。在人工养蝎时充分了解和认识这一特点，在实际饲养过程中加以掌握，即可达到事半功倍的效果。在我国大部分地区，野生蝎在自然状态下，一年中可分为生长期、填充期、休眠期、复苏期四个阶段。

1. 生长期

从清明到白露（150～160 天），是蝎全年营养生长和生殖生长的最好时期，故称为生长期。

每当“清明”前后，气温逐渐回升，气候逐渐转暖，昆虫开始复苏出蛰，野生蝎的天然适口食物随之逐渐增多，蝎的消化能力也随着气温的升高而不断增强，活动范围和活动量也日渐加大。在此期间，以“夏至”至“处暑”活动最为活跃，取食量增大，新陈代谢最为旺盛，是营养生长和生殖生长的高峰时期。蝎的交配和产仔也大都在此期间进行。

2. 填充期

从“秋分”至“霜降”期间（45～50 天），是蝎积累和贮存营养，为进入冬眠进行生理准备的阶段，故称为填充期。

秋分以后，气温逐渐下降，蝎在此期间内食量猛增，尽量地吃饱肚子，并把所获取的脂肪性营养贮积起来，以便供给在休眠期和复苏期内的营养消耗。与此同时，又用不同方法促使体内液体浓缩，巧妙地完成躯体的脱水，使它在休眠期内不至于结冰冻死。

3. 休眠期

从“立冬”至“雨水”（120～130 天），此期间蝎的生长发育完全停滞，新陈代谢降到最低水平，进入蜷伏休眠状态，以安全度过不良环境条件，故称为休眠期或蛰伏期。

秋末冬初，野生蝎停止采食入蛰冬眠。大多潜伏于距地面30～80 厘米深的窝穴内，缩拢附肢与步足，尾部上卷蛰伏越冬。在整个休眠期间，其新陈代谢水平很低。

4. 复苏期

从“惊蛰”至“清明”（30～50 天），此时严冬已过，暖春将临，处于休眠状态的野生蝎开始苏醒出蛰，故称为复苏期。

“惊蛰”以后，气温开始上升，蝎便由静止状态逐渐转入活动状态，此过程即为复苏。但由于早春气温偏低且昼夜温差较大，这时蝎的消化能力和代谢水平还较低，其活动时间和范围也都不大，除白天晒暖时间逐渐有所增长外，夜间很少出窝活动。此时蝎只能凭借躯体所具有的吸湿功能自环境中吸收少量的水分，利用填充期所贮积的营养物质和食入少量的风化土来维持生命。

第二节　蝎的生长发育与繁殖过程

蝎的繁殖，有十分重要的生物学特性。其繁殖的特点，直接关系到蝎种群的发展，也关系到人工养蝎蝎种群战略的制定。掌握蝎的繁殖特性，对于蝎的养殖者来说，是十分必要的。

一、生长发育

蝎的生长发育虽然受着自然条件及人为干扰的影响，但它的基本发育过程并不因此而打乱，呈现出固有的规律，下面以野生蝎的生长发育进行介绍。

蝎的生长发育包括个体的生长及行为的发育两部分。

1. 个体生长

蝎为雌雄异体，卵胎生，受精卵在母体内发育成幼蝎。从仔蝎产出至长到成蝎，不经历变态过程，但要经过 6 次蜕皮，在长达 2 年多的时间以后，长成成蝎。寿命一般为 7～8 年。

蝎的个体生长与蜕皮紧密联系，每 1 次蜕皮，幼蝎体长迅速增加，个体增大，体重增加，蝎体的颜色也随之发生变化。蝎每次蜕皮后不断进食，体重不断增加，体长也呈跳跃式增长。可以利用这个特性，根据体长来比较准确地判断蝎龄。

7月中下旬至8月初，蝎产仔。刚出生的小蝎称1龄蝎，每蜕皮1次即蝎龄增加1，6次蜕皮完毕，即为7龄蝎，也就是成蝎。

(1)1龄蝎：小蝎刚出生时，身体很小，长约1厘米左右，重量约为0.02克。它肥胖，体软，呈乳白色，活动能力弱。

此期温度较高，小蝎很快即发生第1次蜕皮，进入2龄。一般在25～28℃，小蝎从出生至第1次蜕皮需5天，但如果温度高于此值，达到30℃以上，则时间会缩短，3天左右即从1龄进入2龄。

(2)2龄蝎：2龄蝎的体形体色均发生明显变化。首先是颜色转深，由乳白色慢慢变为淡黄，再变为淡褐色。它的体形迅速变细拉长，增至1.5厘米左右，比1龄约细1/3。体重有所增加，达到每只0.025克左右，即大约40只重1克。2龄延续时间大约为2个月，直到9月下旬第2次蜕皮为止。整个2龄期间，蝎体变化不大，只是体粗及体重有所增加，且颜色加深，身体各部分更显清楚一些。

(3)3龄蝎：9月中下旬，蝎蜕皮变为3龄蝎，体长即由1.5厘米增加到2厘米，体重变为0.05克左右。由于此期已经能够正常取食，所以体形迅速增肥变粗，到了10月中下旬以后，体重又有明显增加。

(4)4龄、5龄蝎：第2年6～7月经过第3次蜕皮成为第4龄蝎。此期，体色已变为灰褐色，且体长达2.7～3厘米，体重已达0.8～1克。当年8～9月再第4次蜕皮，长成5龄蝎，体长增至3.5厘米，并体肥粗壮，重量增加。

(5)6龄、7龄蝎：第3年，5龄蝎再蜕皮2次，7月份变为6龄蝎，体长增至4～4.5厘米，9月份变为7龄蝎(即为成蝎)，体长达到5厘米左右。此时，蝎体颜色已确定，背部及尾部末端呈灰褐色，而腹部、尾部前四节及附肢均为橙色。

7龄蝎已为成蝎，从此不再蜕皮，因此体长也不再增加但体形可以变粗，体重也可略为增加。

2. 行为发育

与个体生长相伴随，蝎的行为发育也在进行，而且比个体生长更迅速一些。

1 龄小蝎生下来以后，并不在地上生活，而是趴在母蝎背上面，靠消耗自己腹内残存的卵黄为生，不能自己取食。小蝎往往头部向外，并排排列于蝎背两边。有意思的是，这些小蝎似乎懂得不妨碍母蝎，均自觉地避开母体头部及附肢附近。1 龄小蝎身体弱小，活动微弱，只有时轻轻蠕动，并没有明显的爬行等动作。但即将蜕皮时，即不断扭动身体。

蜕皮后的 2 龄蝎，由于在蜕皮过程在纷纷落下母背，因此蜕皮以后又迅速爬上母背，过 1 星期左右，即可离开母体独立生活。2 龄蝎活动能力大为增强，既可在夜间外出，寻找适宜生存环境，独立安家落户，又可借助尾刺，排出毒液螫刺昆虫，自己取食。2 龄蝎食欲旺盛，可全天进食，在食物缺乏的情况下，常发生自相残杀的惨况。

3 龄蝎进食进入高峰期，到了 9 月下旬至 10 月上中旬，蝎食欲极强，食量很大。此时，它四处取食，常吃得鼓鼓的，以贮备过冬营养。

从爬背到下地活动，从不能取食到主动捕食，蝎完成了其基本行为的发育。

除此之外，蝎生殖行为要等到 7 龄后才发育完全。

3. 蜕皮

这是与个体发育联系最密切的一个生物学过程，也是一种生长行为。个体生长结束，蜕皮才停止。

(1)蜕皮的条件：尽管蜕皮是必然的，但也须具备适宜的先决条件，才能正常蜕皮。

首先，营养要充分。这是保证蝎正常生长发育、贮存能量、进行个体增大的关键。营养不当，小蝎发育迟缓，蜕皮时间推后。

其次，日平均温度在 25～35℃，土壤湿度在 10%～15%。蝎在蜕皮过程中怕高温高湿，喜欢在温度适宜、湿度适中，且变化不大的环境中蜕皮。一般小蝎在蜕皮时为了保证这样一种环境，往往向地下迁移，距地表 5～10 厘米。

第三则是密度要适宜。密度过大，往往发生自残现象。蝎蜕皮的时间不是很集中，密度越大，这种时间差异也越大，越可能发生未蜕皮小蝎吃食正在蜕皮、缺乏反抗自卫能力的小蝎的现象。

(2)蜕皮的过程：一般而言，蝎在蜕皮前，均有明显的征兆，很容易大概确定蜕皮的时间。

首先，蝎在蜕皮前，向地下转移，或迁往蝎窝中部(1 龄蝎除外)，并进入一种半休眠状态，几乎停止活动，代谢处于微弱状态。

其次，蜕皮前，小蝎腹部明显比平常肥大，体节清晰可见，而且皮肤粗糙，似有裂纹。

蝎蜕皮的时间过程较长，一般需 3 小时以上。

小蝎的第 1 次蜕皮比较特殊。由于它们尚未离开母体，也不能活动，所以蜕皮一般要借助母体的被动帮助。蜕皮时，1 龄蝎用尾刺勾住母体的体节间隙，头部朝下，倒悬下来。随着小蝎不断扭动身躯，旧头胸部破裂，露出新的头胸部，然后以继续扭动及重力作为动力，逐渐蜕出整个蝎体，掉落在地上。

以后的 5 次蜕皮则主要借助外物进行。蜕皮时，体皮由于吸收了大量的水分而从头胸部与背板交接处水平裂开，小蝎用步足牢牢抓住石块、地面的坑洼等，并不断扭动，头胸部先蜕出，再随着扭动，依次蜕出中腹、后腹。蜕皮也可能有因条件不适而延长时间，甚至有小蝎死亡的情况。

刚刚从旧躯壳中蜕出的小蝎，静止不动，形同死蝎一般。6 对附肢整齐地叠放于腹面，就像一长尾贴地爬虫。很快蝎体迅速膨胀扩大，身体伸长，附肢展开，并开始活动。

二、蝎的繁殖过程

蝎的繁殖特性，包括性发育、交配、产仔等特性。了解到蝎的这些特征，就能够为它安排一个适合生产、生活、繁殖和生长的良好环境，缩短其生长期、成熟期和发育期，这样就可达到促其生长快、繁殖高的目的。

1. 性发育

蝎的性发育与个体生长发育是同步进行的，当个体生长及行为发育基本完成时，性发育也就成熟了。

在自然条件下，野生蝎完成性发育约需 26 个月左右，即 6 龄后期性发育便成熟，至 7 龄已是性成熟蝎。雄蝎与雌蝎在性发育上存在着时间上的差异，雄蝎发育稍快，往往比雌蝎提前 2 个月达性成熟。

在人工养殖条件下，由于营养及管理条件的改善，大大加快了蝎体发育的进程，所以性发育及繁殖的周期也大大缩短，一般仅需 9～10 个月，即可性成熟。

蝎达到性成熟的标志是交配行为的发生，并不是精、卵的完全成熟。蝎从最后一次蜕皮并开始进食后，即可交配，便认为是性成熟阶段。

2. 交配行为

与其他大多数节肢动物一样，蝎需经过交配方能繁殖。每年雌蝎可交配 2 次，雄蝎可交配 4 次。

成蝎交配一年中分两个时期：第一个是产前交配。即 5～6 月份交配，7～8 月份产仔孕期 40 天；第二个是产后交配，约在 8～9 月间，即母蝎产仔后 15 天左右再次发情交配。产后交配的受精卵在母体内需经过 10 个月的孕期发育。但是，只有在最适宜的条件下，交配成功的机会才最大。

(1)交配的外界条件：蝎的交配行为特殊，与外界关系很大，因此对温度、湿度、光线、风力大小及地面状况等有一定的要求。要求得到良好满足，则交配成功率越大。

①温度：由于交配须排出精荚，再插入雌蝎繁殖孔，因此要求精荚能具有一定的温度条件，以使之迅速干燥变硬，但是温度过高，显然会影响其中精子的活力。因此，一般温度为25～30℃，温度越高，交配越可能成功。

②湿度：过于干燥的环境。对交配也不利，因为这给正常打开生殖盖板、排出精荚和接受精荚带来不利。试验表明，空气相对湿度低于40%，交配很少发生。而当湿度达到70%～85%时，交配顺利发生，并有较高成功率。

③光照：蝎的交配常选择早晚进行或在荫蔽场所进行。交配时对光照强弱不太敏感，但交配反应也受其影响。一般弱光可以诱发交配，强光不能诱发，但也不能中断交配。在夜间月光下或黑暗中，蝎能正常交配，此时即使开强光照射，交配仍正常进行，蝎一直处在强光下，只要别的条件都成熟，也能交配，只是交配时间比弱光下增加近1倍。

④地面状况：地面状况对蝎交配十分重要，因为地面是精荚的固定、附着界面。首先要求地面平坦、坚实，有利于蝎的排精及交配。如果地面凹凸不平，精荚排出后，可能落到凹陷地方，不利于插入雌孔；而在尖凸之处，又不易固定。如果地面松软，会造成精荚排出后受污染，沾满尘土。其次，地面要有一定摩擦力。粗糙地面是精荚附着及交配双方步足抓扒附着的基础。

在自然界中，蝎的最佳交配季节为夏季；最佳交配时间为静风的傍晚，尤其是雨过天晴的傍晚；最佳交配场所是有平坦、坚实而粗糙的石板的荫蔽地点。在人工饲养条件下，要创造这种环境，以利于迅速交配，保证交配成功率。

(2)交配的发生：蝎群交配时，雌雄比例大约为(2～3)∶1。蝎的交配方式十分奇特。每年6～9月份，气温达25℃以上时，蝎开始发情，雄蝎发情后四处奔波寻找未受精的雌蝎，找到后，用蝎螯的脚须夹住对方的脚须，头顶头地往后拖，找到适宜地点停下来，雄蝎摇动毒针，并用四对足将身子撑离地面，再从生殖孔中产出一根精棒，粘立在地上，继续拖雌蝎，直到雌蝎生殖孔触到精棒，并压入腹内，射出精子后，交配结合，雌雄蝎便分开。交配时间大约需30分钟至1个小时，长的可达3～4个小时。雄蝎体内只有两根精棒，一生只能交配2次。雌蝎交配1次，可连续生育4年，直到寿命结束。

交配并非都十分顺利，也有许多不成功的情况。有的不能排出精荚，而有的排出精荚以后不能刺入雌蝎生殖腔内，仍完整立于地面。可以通过地面精荚留剩情况来判断交配的成功率。如果地面剩下大量倒下的破碎精荚，则表明交配成功率高。而剩下大量的直立精荚，则说明没有刺入，用镊子夹碎精荚，会有许多乳白色精液排出。如果未见精荚，也不是好的现象，因为很可能并未排精，当然也有的在受精过程中，精荚全部进入雌蝎生殖腔不再抽出的情况，但并不常见。

3. 妊娠及产仔行为

蝎在接受交配以后，并不立即受精，而是将精液暂贮在纳精囊内，待卵细胞发育完全成熟以后，再行受精，形成受精卵。

(1)妊娠：自然条件下，卵的成熟在交配后的次年6、7月份发育成熟。此时，头年进入纳精囊的精液顺输卵管流动，到达卵巢各个部位，与附于管道上的卵结合，形成受精卵，开始妊娠。

蝎属卵胎生动物，受精卵在体内发育约40天即可形成完整胚胎，可以产仔。

蝎在怀胎妊娠期，对温度要求尤为严格。如温度低于下限阈值，则胚胎不能发育、尽管形成了受精卵，也不能形成仔蝎。而在这个温度以上一定范围内，温度越低，发育越慢，妊娠期越长，相反，则可在正常时间内产仔。试验表明，温度低于5℃，则胚胎发育停滞；在15℃以下，发育延缓；在25～30℃范围内，胚胎发育加快，35～45天即可完成妊娠。

由于蝎体内温度完全靠外界直接供热维持，自身并不能维持体温，所以必须在温暖气候中妊娠。

(2)产仔：常温状态下，雌蝎一般在7月下旬产仔，临产期到来时，有比较明显的特征。

妊娠雌蝎除了为满足温度需求，有时出来晒晒太阳以外，一般并不外出活动。但是临产前，活动频繁，主要是在夜间外出寻觅理想繁殖场所，并进行产房布置。这时若采用单居产房要及时把临产蝎夹入单居产房。

母蝎在产仔前，活动量减少，很少吃食。临产前，两个脚须似环抱状，第1、第2对步足胫节跪地，第3、第4对步足撑地，躯体向前倾斜，生殖器下形成一小空地，栉齿板前后摆动，末节向上弯曲。产仔时，生殖厣向左右前方张开，随后带有黏液的仔蝎便从孕蝎生殖孔中陆续排出，被包围在由栉齿板与第1、第2对步足构成的空间之中。刚产出的仔蝎外包一层很薄的黏膜，附肢内屈，后末节向前折叠。如果温度为32～36℃，5分钟左右，仔蝎的附肢与末节从黏液膜中展开，最后尾节挣脱黏液后，顺着母蝎的附肢和头部爬到母蝎背上。

雌蝎体内卵很多，而且均同时成熟，加之妊娠并不挤在生殖腔中进行，因此许多卵可以与精子同时结合，并同时进行胚胎发育，所以产仔一般20～30条不等，多者高达40条以上，少者三五条。产仔时，这些小蝎成批产下，每产一批间隔半小时，长的约1小时，每批一般产下5只。此时的仔蝎叫1龄蝎。

产仔少的原因主要有以下几种：

第一种为病蝎。母蝎在卵孵化后期，因管理不当，致使孕蝎病变，出现死胎或卵孵化停止。

第二种为衰老蝎，生育能力减弱。

第三种为次次失配，精卵结合机会减少。

在检查产仔瓶时，往往还会发现一种情况，即刚产出的仔蝎，有的远离母蝎没有爬到母蝎背上，这主要是受到干扰和惊吓造成的。此时，要实行人工助移法，用镊子轻轻地把仔蝎夹到母蝎背上，如不助移，仔蝎将被母蝎吃掉或因蜕不下皮而死亡。因此，助移能提高仔蝎的成活率。

(3)母蝎的护仔行为：每批产下小蝎，排列在步足上，呈静止状态。此时可见每只小蝎肥胖乳白，附肢和尾部均折叠于腹面，长约1厘米，就似一粒大米。片刻以后，产下小蝎体外液体蒸干，身体可以伸展开。此时，小蝎从各种通道相继爬上母背，母蝎开始其护仔行为。

母蝎从这时起，一切活动均围绕护理幼蝎进行。它们不吃不动，蛰伏于产房内，但与冬眠的最大不同是，它们具有高度警惕性，对外界十分微弱的干扰即有敏捷反应。在正常情况下，母蝎的护仔行为表现为细心照顾，而在有的情况下，也发生母蝎残杀小蝎的现象。

①保护性行为：首先母蝎允许小蝎爬背，并引诱其爬背，便于照顾。其次，当小蝎在不具备独立生活能力之前，绝对不允许其自由下地活动。如果小蝎强行离开，母蝎会用强有力的触肢将其钳回，并诱其上背。第三，母蝎有保护幼仔脱离危险的本能。当天气恶劣，其生存环境受到严重破坏时，或遇到可以逃避的天敌进攻时，母蝎会迅速背负小蝎迁移。

②非保护性行为：当出现非常情况时，母蝎也会发生非保护性行为。当受到威胁时，母蝎会抖掉身上背负的小蝎，一来为了减轻负担，便于快速逃离险境；二来为了抛出食饵，舍仔保身。尤其在

母蝎已经被天敌抓住，进行搏斗时，这种现象经常发生，而且往往奏效。另外，当外界条件严酷时，母蝎为了保全自己而牺牲小蝎。一般在繁殖期间，需要大量的营养与水分，如此时供应不足，则母蝎往往吃食幼嫩多汁的小蝎以改善自己体内的营养及水分状况。对于落下母背，又不能迅速爬回的小蝎，也容易惹怒母蝎，而遭杀身之祸。

小蝎第1次蜕皮后10天左右，它们才能顺利离开母背独立生活，此时母蝎的护仔行为也即中止。

第三节　蝎的人工繁殖

人工养蝎目的是尽可能地提高单位面积的最大产量，获得更高的经济效益。然而蝎种质量的好坏直接影响着蝎的产量。为了能使引进的种蝎优良化和对养殖形式的适应性，在引种之前，应做好蝎品种的调查工作。

蝎的分类从总体上讲可分为山蝎（又称野生蝎）和家蝎两大类，山蝎很难人工驯养。近年来，我国发展的人工养殖品种主要是经过多次换代、筛选、杂交育成的适应性强的速生家蝎，其体内细胞组织发达，生理机能加快，长期处于高循环状态。在饲养过程中，完全改变了随季节而生长的依赖性，对温度的依赖性强，对声响、振动和光反应较于平稳。

我国局部地区分布的另外几个蝎种，如主产于云南的石竹剧毒蝎、主产于台湾的斑蝎、主产于西北地区的山蝎、丰产于四川西部和西藏地区的臧蝎等。这些稀有蝎种，或因其毒性烈、野性大、凶悍，或因其药用价值和经济价位低，或因其繁殖力差等，尚无人工驯化和人工养殖成功的例子。因此这里主要介绍东亚钳蝎。

一、引种前的准备

做好引种前的准备工作是十分重要的。若从思想上和设施上没有做好准备，盲目地引进种蝎，将会造成不应有的损失，而且关系着养殖蝎的成败。

首先要认真检查一下饲养室内的保温保湿措施是否到位。无论是塑料大棚养殖还是房养，室内顶部和四周墙面用塑料布封闭起来，保温保湿效果是比较好的。在制作时，塑料布一般要离开顶部 30～50 厘米，以防在加温时塑料布隆起而贴到顶面上；塑料布也不要紧贴在墙面上，要留出 5 厘米左右的空隙，使之有一较好的保温层。有条件的可在窗口安装换气扇。大棚养殖时顶上要备有黑色遮荫网，天气炎热时遮盖以后既能起到吸热作用又能起到避光作用。

一切准备妥当后要对饲养室密闭熏蒸消毒灭菌，消毒完毕后，打开通风孔，让甲醛气彻底消散。

没有自动分离设施的初养户还需准备产仔杯或瓶。产仔杯或瓶的多少，要根据引进蝎种的数量而定。一般每个产仔杯或瓶放 1 条待产蝎。购买的产仔杯或瓶，在放入孕蝎前都要用 0.1%高锰酸钾溶液洗刷、晾干。并用适量细壤土拌水，湿度在 18%左右，并把拌好的饲养土均匀放在每个杯或瓶内，厚度为 1 厘米。

根据需要还要备好小浅碟、日常用的塑料盆、镊子、干湿温度计、海绵等。

人工养蝎最常见的饵料有黄粉虫、地鳖虫、洋虫等，因此养蝎先要学会养殖黄粉虫，靠长期购虫，不是长远之计。

二、种蝎的种源

有的养殖户从野外捕捉或购回野生蝎作种蝎进行繁殖，对于初养者来说，这种做法是不可取的。因为野生蝎与人工养殖的蝎生活习性有所不同。野生蝎由野外自然环境进入人工创造的小环境中，难以马上适应，其正常的生理活动必将受到影响；野生蝎性情凶悍，人工高密度混养会激化其种内竞争，造成大吃小，强吃弱的相互残杀现象；野生蝎野性十足，逃跑能力极强，稍不注意就有可能逃出来蜇人。因此，初养者来说，要去人工养蝎单位处购买，等有一定的养殖经验后，再捕捉一些野生蝎进行品种优化。

（一）本地野生蝎的捕捉

捕捉野生蝎的时间最好在每年的 5～6 月底前进行，此时捕到的为临产母蝎，出蛰后经过一段时间觅食，体力恢复较好，且在自然条件下，受精卵发育好，家养 2 个月左右就能产仔蝎，所产仔蝎成活率高。

野生蝎一般都群居于石板的阳坡和半阳半阴坡地的隔缝和隙洞内。捕捉时，首先要查明蝎经常栖息的场所，然后寻找蝎排出的白色粪便，粪便的线路和光滑的空道，就是蝎出入的痕迹，沿此痕迹寻找，即可找到蝎窝。

采集野生蝎的有利时机是雨过天晴或大雨过后的次日晴朗天气，此时野生蝎的活动频繁，可乘机捕捉。为了保护野生资源，捕捉时，捉大不捉小，见到背上驮有仔蝎的母蝎也不捕捉，因为初生的仔蝎无捕食能力，离开母体不能生存，白白死掉而造成野生资源的浪费。

捕捉野生蝎需注意以下几点：

①捕捉时不能让蝎受伤，运回家的途中要用带叶树枝隔离，尽

量避免它们互相蜇伤。

②不同种、不同地区、大小不同的蝎不能混在一起饲养。

③带有霉菌或寄生虫的蝎不能饲养。刚捕回来的蝎，可用20％的白酒，气温在30℃以上时喷洒消毒。

④将野生蝎放入蝎池后，要少翻动，不惊扰蝎。因蝎在新的环境中生活，有一个适应过程。这期间一定会有蝎被螯伤，感染病菌死亡，但这种情况不会持续很久。

(二)从人工养蝎单位引种

1. 引种季节

“炒”蝎种的不法商贩，钻初学养蝎者不懂技术的空子，说一年四季都可以引种。但据养殖专家介绍，养蝎引种成败关键在季节，不是随时随地都可以引种。

蝎引种可分为引成年蝎和幼蝎两种。引成年蝎的最佳季节在5月中旬到6月中旬，气温保持在25℃以上时引种最为适宜，此时冬眠蝎已出蛰并已渡过“春亡关”，成活率高，且成年雌蝎已进入孕期，能够在当年的7月底、8月初产仔，引种当年能够受益。有加温控温条件的养户，幼蝎可在任何时间引种；对没有加温控温条件的养户，可在8月底9月初为最好，仔母分离后进行，引进后直接放入饲养池内饲养即可，其他季节引种都不利于蝎的生长和繁殖，否则将大大减少经济收入。

2. 雌雄比例

部分养户引种时为了多获仔蝎而只选雌蝎不要雄蝎，这种做法是错误的。根据蝎的交配规律，雌雄蝎比例按(2～3)∶1进行搭配为宜。

3. 引种工具

引种工具为纸箱和洁净、无破损的纱网袋(纱网袋大小可根据引种量而定，一般每袋重量500克左右）。

4. 引进种蝎的注意事项

人工养蝎是非常有前途的养殖业，养殖户在引种时不能求富心切，一定要明辨是非，辨别真假种蝎。初学养蝎，千万不要到“打一枪换一个地方”的所谓“养蝎培训中心”、“蝎种分场”、“引种速成班”等地方学习和引种。一定要认真考察、分析，到有信誉保证、有良好售后服务、有固定养殖场、有一定养殖规模和有法律公证的“五有”地方引种，谨防受骗。

(1)不要被那些提供稀奇古怪的优质蝎种所诱惑。有倒种者讲他的蝎种每年可繁殖3～4胎，每胎可产仔多少条。实际生产中，在加温控温条件下养殖的母蝎，每年只产2胎，产3胎的很少，每胎在20～30条。

(2)购蝎种不要一味图便宜。家养蝎和野生蝎在习性上有很大的不同。家养蝎经过人工长期饲养驯化，生长快，性情比较温和，自相残杀少，适合家养条件，死亡率低；野生蝎生长慢，性情比较烈，自相残杀严重，家养死亡率高。一些农户养蝎失败，其中一个主要原因就在于购进了以野生蝎假冒的种蝎。因此，引种时一定要辨清家养和野生，千万不要把野生蝎种引进来，更不能将家蝎与野生蝎混养。

真正家养成功的种蝎的颜色为浅黄色，触肢匀称，节纹明显，因营养平衡个体大小均等，性情温顺，群居时，能和睦相处。如果是未经驯化的野生蝎，种蝎个头大小不均，蝎背颜色发黑，行动迅速，群居时有打斗现象，繁殖后的幼蝎成活数量在每胎5只以内，且幼蝎生长缓慢，抗病能力差，公蝎淘汰率很高。

(3)购买种蝎之前，还要仔细查看供种单位的种蝎数量，如果供种单位大蝎多于幼蝎，则要引起警惕，正常养殖场的大小蝎数量的比例应该为1∶30左右。其次，还要查看供种单位的黄粉虫数量,一个10万条成蝎以上规模的养殖场,养黄粉虫的面积最少应不少于20平方米,4～8龄黄粉虫幼虫存贮量应在50千克以上,1～3龄黄粉虫幼虫的数量也应保持在40千克以上,否则很难满足蝎场恒温养蝎时的正常需要,如达不到以上条件,则应慎重行事。

(4)不要被各种承诺所诱惑。倒种者对养蝎户的各种承诺也很诱人,什么包养殖成功,包年利润在多少等等。他们均打着科研所、研究会、养殖中心信息服务部等单位的旗号。其实,他们根本无养殖场地,他们在某地推广一段时间以后就跑掉了,以后养殖户如遇到技术咨询、产品回收等问题,就难以找到他们。

(5)就近引种:远距离引种会由于环境、气温、湿度等方面的差异,蝎水土不服,引起死亡。初养者一定要到就近的蝎场去引种。

做好以上几点之后,在引种前还要学会养殖蝎和黄粉虫的技术,还要与供种方签订购买或其他合同。

5. 种蝎的选择

种蝎不仅决定着雌蝎的产仔率、仔蝎的成活率,对幼蝎的成长也有很大的影响。因此引进种蝎时,要对所引蝎有详细的了解,如种蝎的品种、蝎龄、雌蝎是否有孕等。根据需要择优选购青年蝎、成蝎或孕蝎。

(1)外形挑选:公蝎应挑选体格强健、体色光亮、活泼有力、性欲旺盛的作种蝎。母蝎应挑选个大、体长在4.8厘米以上,肢体无残缺,健壮,行动敏捷,静止时后腹部卷曲,前腹部肥大,皮肤有光泽的作种蝎。一般春天的母蝎,只要前腹部肥大饱满,呈浅灰色,体长在5厘米左右,产仔率都比较高,而且产期早。身体太短的母蝎,即使是腹大、色正,也不要轻易挑选作种,因为其繁殖期往往较晚,不能满足作种要求。

(2)雌雄蝎的区别:蝎的雌雄区分,不像一般的动物如哺乳动物类那样直观，只要观察外生殖器即可辨别。它必须通过认真观察，进行形态学鉴定，才能准确判定。

①体长体宽：雄蝎体长4～4.5厘米，体宽0.7～1厘米；雌蝎体长5～6厘米，体宽1～1.5厘米。躯干宽度和后腹部宽度的比例，雌蝎大于雄蝎。雄蝎的胸板下边较窄，雌蝎的胸板下边较宽。

②触肢：雌蝎触肢细长，且前部没有明显齿突；雄蝎触肢粗短，前部有明显隆起。

③栉板齿数：雄蝎栉板齿数为21个，雌性较少为19个。

④生殖器盖板：雌蝎较软、较大，雄蝎较硬、较小。

6. 种蝎的运输

引种时先把种蝎装进洁净、无破损的纱网袋中扎口，然后把编织袋放进底部用海绵或板纸、纸团等铺底（以达到减震目的）的纸箱内，并在纸箱内放入几块吸过适量水分的海绵块，以便调节箱内湿度。另外，纸箱四周要打几个通气孔，以便通风透气。

运输中的注意事项：

(1)蝎要避光运输，可在装运箱上盖一层黑布，要特别注意不要强光直射，同时防止雨淋。如遇高温天气，最好在夜间运输。也可放入一些袋装或瓶装冰冻水作降温用。

(2)运输时要在装蝎箱的下面垫上软的厚物或海绵。启运后要尽快到达目的地，以防蝎遇到意想不到的有害因素。

(3)除尽快到达目的地外，在运输途中尽量不接近高温环境，降低蝎的能量消耗。

三、种蝎引进后的饲养管理

(一)捕捉野生蝎的管理

捕捉回来的野生蝎可放在室(棚)内蝎池中，瓦片或蛋托蝎窝密度要小，每个蝎池中成年蝎可放200～300条。

由于野生蝎的性情凶悍，人工高密度混养会激化其种内竞争，造成大吃小、强吃弱的相互残杀现象，再加上野生蝎由野外自然环境进入人工创造的小生态环境难以适应，其正常的生理活动必然会受到影响，并导致仔蝎在母体内不能很好地发育，所产出的小蝎也多数体质较弱，成活率极低。所以，对于养蝎户尤其是初养者来说，尽量不要直接把野生蝎搬回家做种蝎进行繁殖。待积累了一定的养殖经验后，可捕捉一些野生蝎进行品种优化。

(二)购买种蝎的管理

1. 投种

蝎运回家后，不要立即放出，要让蝎在安静的地方稳定4个小时，如果是下午3时后到达目的地，当天就不要放出蝎，待第二天下午7时再放。因为下午3时以后到达目的地，再稳定4个小时，已是7点多了，而这时正好是蝎活动的开始，所以要等到第二天再放出蝎。下午3时以前到达目的地，无论再早也要等到7时再放出蝎。

在蝎种投放以前，要反复检查饲养池的保险性，在确信饲养池无纰漏后再投放。

引进的种蝎，往往有两种情况，一种是从腹部和两侧看，发现里面有大米粒状胚胎，甚至从腹部看到仔蝎背上的条纹，这种情况叫待产蝎。分娩时时间近则两三天，多则十余天。另一种情况是从背面看到肚腹隆大，而从腹部则看不到有大米粒状的胚胎形成，但从侧面却模糊地看到棕黄色的卵粒，这种情况叫孕蝎。如果温度控制在32～36℃，大部分在40天之内的时间里分娩。

刚引进的种蝎，最好放在较大的盆里，然后逐个进行“分级”（雄蝎分离出来后单池饲养，待母蝎仔母分离后，再放入母蝎池进行交配)。采用单居产房养殖的,用镊子夹住蝎的尾根二三节处,蝎自动卷曲,可观察其腹部。发现待产蝎,便可将其放入产仔杯或瓶内。每杯或瓶可放1只,沙土的湿度潮湿即可。杯或瓶内投放黄粉虫2条,让其自由取食。然后将装有待产蝎的产仔杯或瓶集中起来,放在产仔室的产仔架上。剩下的孕蝎记录数目后可以投放在饲养池中饲养观察,每隔几天要"分级"一次。在日常管理中,每天要逐个检查产仔瓶,记录好出生日期,以便日后管理。瓶中的沙土过于干燥时,可用海绵或其他容器顺瓶壁滴水,使其保湿。发现有腐烂变质的死虫,及时清理出来。

若采用母仔自动分离池养方式,则孕蝎投放密度很重要。密度过低,饲养室、池面积得不到充分的利用,成本高,影响经济收入,特别是人工加温控温的饲养室,其代价更大。而饲养密度过高,又因窝穴及食物的限制,产生互相残杀,弱肉强食现象,造成损失。根据多年的养殖经验,一般放孕蝎的数量为产房内蝎窝数量的80%~90%,投蝎时慢慢倒出。每个蝎池最好一次投足,否则由于蝎的认群性,不同群间的蝎会发生争斗、造成伤亡。若中途投入新的种蝎可先向池内喷洒少量白酒,以麻痹蝎的嗅觉,待酒味扩散后再投新种蝎。同时要检查蝎池的防逃措施是否完善,如发现问题及时补救。

初次引来的蝎常会发生恶战,投种后要留心观察。如发现蝎成团成堆,可用燃着的纸卷,向它们吹出烟雾,或向其喷洒少量白酒,加以驱散。蚂蚁和老鼠是蝎的天敌,一定要注意防范,决不能让其进入蝎池内。同时在蝎窝周围100米内,不得存放或使用有杀伤性物质气味的农药,以防蝎中毒导致大量死亡。

2. 饲喂

引进种蝎时应向原养殖者询问一些关于购回去应喂哪些饵料和关键的养殖技术等,以便效仿,使新引进的种蝎能尽早适应新的环境。

种蝎妊娠期正是卵子发育及胚胎发育的时期，对营养需要很大，需大量饲料供应。但刚投入池子的蝎在2～3天内会有一部分不进食，因此不可大量投喂饵料虫。5～6天后待种蝎充分适应新环境后，第一次投喂饵料。投放时可将活饵料虫放在蝎池内供蝎任意捕食，也可先将黄粉虫放在小盘中供蝎取食，食盘应定点放置，晚上5～6时放入，第二天早上取出。

蝎需水，但又怕水，因此不能直接用盒子、盘子等盛水饮蝎。投放后可将海绵等经水浸后放在小盘中放入蝎池内，让蝎自由吮吸。另外，喂新鲜的西瓜皮、甜瓜、南瓜或煮熟的嫩玉米，既能补充水分，又可增加营养。每隔2天用高锰酸钾洗刷一次海绵和小盘，以免水质变坏，引发蝎病。以后每隔3天，在上午7～9点，用喷雾器往蝎经常活动的场地上喷洒清洁的饮用水。

对新环境中的种蝎应做到定时、定量、定水，每次投食应多放几个地点，避免蝎争食。喂食量，50克饵料大约可喂5000克蝎，可按5条蝎一天吃1条黄粉虫的量来计算投食量。一般2～3天喂1次，温度较低的时候可4～5天投食一次。但具体的数量要靠不断投喂试验才能较好的把握，应该以刚好吃完不剩下或略剩一点为原则。投食时，种蝎投大黄粉虫。蝎采食后生长发育正常，如果排出灰白色粪便，说明饵料比较符合蝎的需要。

在蝎怀孕期间，应及时的供给足够的多种类的饲料来满足孕蝎的需要，如供给肉类、昆虫类、配合类均可。这些饲料可交替投喂，使孕蝎能吃到足够的营养丰富的饲料来补充体内胚胎的正常需要，让胚胎发育得更快。

3. 孕蝎的管理

引入的种蝎一般都是头年经过交配的雌蝎，已进入妊娠期或即将进入妊娠期，因此对引入种蝎的饲养管理实际为妊娠饲养管理。

在妊娠期，种蝎负担较重，其取食量尽管很大，但其活动却不多，一般长时间潜伏于分室中，即使吃食也很少起身挪动。到了妊娠后期，母蝎往往于夜间爬出，频频外出寻觅繁殖场所。

(1)温、湿度：对新引进的种蝎除定期消毒外，还应保持适宜的室温(28～36℃)、适宜的湿度(活动区土壤含水量控制在 20%，空气相对湿度在 70%～80%)。

(2)光照：实践证明，增加光照，能使孕蝎提前产仔和提高仔蝎的成活率。这是因为孕蝎吸收外界热量，能促进机体内新陈代谢，提高自身的消化吸收能力，促进胚胎生长发育，减少胚胎时期发生早产和死胎，从而顺利产仔。另外，蝎还可因适当的光照摄取更多的矿物质(如钙等)，使胚胎的外骨板加快生长，促使胚胎的提前发育完成，提前产仔。所以，大棚养殖的白天应打开草帘，孕蝎白天光照时间不少于 6 小时，从而加快内胚胎的孵化，繁殖出的仔蝎几乎没有死亡。房舍养殖的用灯泡补充 6 小时光照。

(3)活动区的清洁：应特别注意孕蝎活动区的卫生清洁，及时清除变质的饲料及残渣和死蝎，以免污染环境，影响孕蝎的正常采食及胚胎发育。总之，这时要给孕蝎创造一个安全、舒适、安静、新鲜的活动场所，让其能够正常生长，安全度过孕期，使其顺利产出仔蝎。

(4)安静的环境：在妊娠期，蝎最怕突如其来的响声，受惊的蝎会不安、到处乱窜，有的会发生流产现象，有的即使产出幼蝎也因产前受惊被雌蝎吃掉。因此，要特别注意养蝎场地周围环境的安静和空气的新鲜，确保孕蝎能够顺利产仔。

(5)防逃：妊娠后期，母蝎会频频外出寻找繁殖场所，特别是在晚上。所以，到了后期，注意防止孕蝎外逃，要经常检查蝎池，及时修补漏洞，尤其要注意一些用黏土封堵的孔、洞，防止孕蝎挖掉黏土而外逃。

4. 母蝎背仔期的饲养管理

母蝎背仔期(见彩图 7)是指孕蝎从产仔起到母、仔分离的这段时间,一般为 10 天左右。

产仔期,母蝎不吃任何东西,完全依靠在妊娠期大量吃食所贮存的营养而维持。刚产生的小蝎尚不能取食,靠体内残存的卵黄为营养,维持其趴伏于母背这段时期的生存。因此,产仔期不需要进行人工投食。

在管理方面,由于母蝎负仔,行动不便,常常 10 来天一动不动伏于分娩室之中,并警惕地护卫着背上小蝎。因此,产仔期,母蝎、小蝎基本处于一种"准蛰伏"状态,不随意爬动,不必为防止逃跑而劳神费力。

从仔蝎的出生到背负仔这一阶段,产仔室的空气湿度应控制在 80%~85%,温度以 34~36℃最好。实践证明,仔蝎成活率的高低和第一次蜕变时间与温度均有直接关系。蝎活动、生长发育、蜕皮时间与温度关系见表 4-1。

表 4-1 蝎活动、生长发育、蜕皮时间与温度关系

温度(℃)	孕蝎产仔时间	吃食间隔(天)	蜕皮所需时间(分钟)	每日活动时间(小时)
35~38	1 分钟产仔 2 个,不间隔	2~3	60	4.5~5.0
30~35	1 分钟产仔 2 个,间隔 10 分钟	3~4	70~90	4
28~30	2 分钟产仔 1 个	4~5	130~180	3.5
24~28	3 分钟产仔 1 个,但难产,一般仔蝎死亡率 60%,孕蝎死亡率 30%	7~10	180~350	3

续表

温度(℃)	孕蝎产仔时间	吃食间隔(天)	蜕皮所需时间(分钟)	每日活动时间(小时)
20～24	不产仔,孕蝎死亡较多	10～15	蜕不下皮而死亡，占40%左右	2
10～24	无产仔现象	20～30	无蜕皮现象	不太活动
≤10	不产仔	不吃食	不蜕皮	不活动

刚蜕变的幼蝎为 2 龄蝎,体长由 1 厘米增长到 1.5 厘米左右。10 余小时后从母背上下来,经过 20 多小时的时间又重新爬上去。在仔蝎蜕皮的时间里,如发现产仔瓶的沙土过于干燥时,不要急于滴水,待全部蜕皮之后,再滴与室内温度差不多的清水。经过10～12 天的时间后,幼蝎呈棕黄色,几乎全部脱离母体,要尽快将母仔分离开,把仔蝎放入专养池。

5. 仔母分离后的饲养

幼蝎在开始寻食后,如不及时投放食料,将会出现自相残杀现象。此时母蝎也需吃饱喝足恢复体力,为下次交配怀胎做好准备。根据仔母蝎饲养管理不同的需要,必须分开管理。

(1)及时分离母、仔蝎:母蝎有爱仔的母性,除非特殊情况,一般是不会吃仔蝎的。但由于母蝎经过妊娠、娩仔及背仔后,体力消耗甚大,尤其是在分娩和背仔期间,因而当仔蝎爬下母背后,母蝎就进入一个盛食期。此时若让母蝎和仔蝎待在一起,又不供应饵料和水,有些母蝎就会捕食自己所产的仔蝎,所以及时将母蝎、仔蝎分离饲养是保证仔蝎不被母蝎侵害的关键。

母仔分离前要备好直径 30～40 厘米的塑料盒(仔蝎饲养盆),底部不需铺垫饲养土,将盘格状养蝎专用栖息瓦放在中央,瓦内放置自动供湿皿。同时用干净无毒，长、宽、厚度适宜的海绵块，吸上奶粉水后，放在干净塑料盆内。

母仔分离的方法，根据产房不同而采用不同的方法：若为单居产房可把盛有同一日期出生的幼蝎从产仔架上取下，用镊子夹住母蝎尾部第二三节处，将其放进另一盆内，然后手握产仔瓶轻轻晃动，使产仔瓶中的沙子连同幼蝎一块倒进仔蝎饲养盆中央，幼蝎随即爬到盆四周，连续分离多次，盆中央的沙也增多，可用手或其他容器将沙慢慢地取出，均匀地撒在另一空盆中。发现混在沙中的幼蝎，将其轻轻地夹出。分离的仔蝎一般在 3～4 天内生的可以放在同一盆中，养 10～15 天(待第二次蜕皮后)后再倒在大池中集中饲养，投放时每平方米蝎池合适的饲养密度为 8000～10000 只。把幼蝎投放饲养池饲养时，其投放数量很难掌握。可数出一定数量的母蝎所产的仔数，求得平均数后，按每池需投放幼蝎的数量计算母蝎即可。同时还要在记录好仔蝎的出生日期，以便日后管理。

进行仔母分离时，还需进行一项重要的工作，那就是品种的自选。在长期饲养中，自选品种不但能节省引种费用，而且对自己培育的种质有较好的了解。在分离过程中，要选出第一胎、产仔早、产仔多、体型大、精力旺盛的母蝎所产的仔蝎作为下一代种源。挑选好的仔种，要单池饲养，投放密度，可适当减少，以有利于仔种更好地生长发育。若为群居产房，则用母、仔自动分离装置即可使母、仔分离。幼蝎虽小，它已具备攻击能力，尾刺的蜇伤力也很强，操作时也需小心。

(2)雌蝎分选：已产完仔的雌蝎，选出尾部向上弯曲、健壮活泼、体有光泽的蝎单独饲养。并且按 7 雌 3 雄的比例投放雄蝎让其交配，待母蝎交尾怀孕后再将雄蝎挑出来单独饲养。对产后虚弱、尾部拖位、腹节下垂严重的病态蝎，要集中起来，用药疗养，待体质恢复后，再投放雄蝎。病态严重的要及时加工制干出售。

(3)饲喂:在仔蝎饲养盆中仔蝎,气温高时 2～3 天换一次海绵,洗净后吸奶粉水再放入。否则奶粉水易霉变,影响小蝎生长。

放入大池后幼蝎开始食欲大增,48 小时内可吃掉 20 毫克 1～2 龄的小黄粉虫或小地鳖虫,如不及时投放食料,将会出现自相残杀现象,因此要及时投喂小黄粉虫或小地鳖虫。

倒在池中后泥土含水量要保持在 40%～50%,室内空气湿度在 75%～85%,温度在 28～38℃。

随着蝎日龄的增长,要及时做好降低密度的分池工作。

6. 提高母蝎产仔率和仔蝎成活率的措施

(1)母蝎怀孕期必须选择优质饲料,否则产后会有发育不全的卵粒和死胎等现象出现。

(2)母蝎在临产期一定要投喂充足的饲料,母蝎在背仔期间,一般不吃食物,因此在产前一定要让它吃饱、吃好、吃肥,否则产后会残食仔蝎。

(3)母蝎临产时,温度必须控制在 32～36℃,空气相对湿度以 80%～85%为宜,否则可能出现延迟产仔或不产仔,甚至死亡等现象。

(4)母蝎在产仔时,必须有一个隐蔽无干扰、安静舒适的环境,避免延迟产仔及残食等现象。

(5)仔蝎脱离母体后及进行母仔分离。

(6)幼蝎蜕皮是生长的关键,因此人工养蝎须对幼蝎管理做到如下几点:一是选择适宜幼蝎食用的饲料;二是幼蝎饲养密度不能过大;三是幼蝎蜕皮时对温湿度必须稳定,不能忽高忽低,但必须把温度控制在 32℃以上,湿度 85%左右;四是幼蝎蜕皮时必须有一个不会受干扰而安静的环境。

第五章 蝎的饲养管理

根据蝎的生长发育特点，在各个不同的时期，蝎的饲喂与管理应采取不同的方式并各有所侧重。

第一节 控温养蝎的生活规律

3月初至6月中旬，气温回升，蝎开始生长。

6月中旬至9月中旬，天气炎热，是蝎的最佳生长期。这段时间除应将蝎池上面的塑料薄膜及时揭开外，还要准备遮阴网以便温度高时遮阴。傍晚，蝎池上部温度较高，蝎自下部向上运动、觅食。午夜以后，气温下降，蝎向下运动至蝎窝内栖息。翌日，随着太阳的升高，外界温度逐步回升，蝎悄悄地向上运动，伏于上部蝎窝的背面充分接受太阳的辐射热。至中午上部温度升至38℃以上，蝎又悄悄地向下运动。午后，上部太阳直射温度升至45℃以上，蝎窝温度也超过38℃，蝎继续向下运动。蝎池底部温度大约为27℃左右。傍晚，太阳落山，蝎池温度逐渐降低，蝎又向上运动、觅食。

9月中旬至11月底，气温逐渐降低，蝎吃肥开始冬眠。这两个时间段内蝎生长发育缓慢。这时用塑料薄膜将蝎池盖好，在太阳光的照射下，太阳能蝎池的上部温度能高达42℃以上，下部温度不低于18℃，蝎通过上下层的运动始终生活在最佳温度环境中,使蝎在一年中的最佳生长时间由 5 个月左右延长至 9 个月左右。

11 月底至翌年 2 月底,外界温度降低,太阳能蝎池内的温度已不能满足其生长发育的需要,这时应将蝎池上面盖好草帘,使蝎进入冬眠。

由此可见,蝎在太阳能蝎池中的实际生长时间达 9 个月。在全部生长期内,日光温室蝎池创造的温度环境不是一个温度值,而是一个比较宽的温度范围;蝎不是被动地适应环境,而是主动的寻找所喜欢的生活环境,所以说蝎始终生活在自己喜欢的环境中。

第二节 蝎饲养管理的一般原则

一、做好蝎场管理

生产实践证明,要想养好蝎,饲养管理人员非常重要。因为人工养蝎是一项技术性非常强的工作,从事这个职业的人员首先要多看多学,并熟练掌握蝎饲养过程中的每一个环节所需要注意的有关问题。

1. 认真观察

饲养管理人员平时要多观察,及时发现问题,及时采取有效措施进行解决。观察工作包括以下方面的内容:

(1)看环境是否正常:每天应经常观察蝎生活环境的温度、湿度变化及相应的蝎群动态变化,调控光照,通风换气,检查饵料虫供应量是否恰当,并及时对出现的问题进行处理。

为了准确测量房(棚)内的温、湿度,温湿度计悬挂的最佳位置是在房(棚)室中部距离蝎窝顶10厘米左右(四角也要各放一支)。这里距离墙体、窗等温差较大的地方都较远,数值稳定,最能反映房(棚)室的温度。

(2)了解蝎的健康状况,可进行"五看":

一看体色:健康蝎体色鲜艳,光鲜明亮。

二看行动:健康蝎对温度、湿度、光线等环境因素的变化反应灵敏,静止时后腹部卷于背上或屈于身体一侧,活动时腹部离地,爬行迅速。

三看分布:健康蝎白天栖息在垛体的缝隙内,一般不在垛体外,夜里活动时蝎群分布均匀。

四看进食:健康蝎食欲旺盛,捕食干脆利落。

五看粪便:健康蝎的粪便应为软而不稀的糊状物,色白或浅灰。若出现黑色或灰黑色粪便,则表明蝎已出现病态,应及时处理。

2. 认真记录

养蝎时不管规模大小都应有严格的管理制度和科学详细的生产记录。每天定时观察蝎的活动、捕食、饮水、脱皮、产仔、病害及死亡等详细情况(表5-1、表5-2、表5-3),根据温、湿度变化及时采取增减措施。定期定时投放食料,对伤、弱、病蝎做到及时处理。重视蝎场卫生,经常打扫蝎粪和残食,保持水盘的清洁,让蝎始终有一个干净、舒适的生活环境。

二、蝎蜇伤救护

从引种开始,一直到最后的活捕及加工,饲养管理人员都有被毒蝎螫刺的危险,应认真加以防范。

表 5-1　蝎蜕皮记录表

出生日期	蜕皮次数	蜕皮日期			生长天数
		最早	最晚	平均	
	1				
	2				
	3				
	4				
	5				
	6				

表 5-2　蝎产仔记录表

类别		内容
产期环境	温度(℃)	
	大气湿度	
	光线	
	通风	
	噪音	
孕蝎入产房	时间	
	数量	
	单房蝎数(只)	
	单房投虫数(只)	
	产房土壤厚度(厘米)	
	产房土壤湿度(%)	
检查	时间	
	补充饵料虫	
	补充水分	

续表

类别		内容
产仔	时间	
	已产雌蝎比例(%)	
	胎产仔蝎(只)	
	共产仔蝎(只)	
母子分离	第一次蜕皮时间	
	脱离母背时间	
	母子分离时间	
	胎成活数(只)	
	胎成活率(%)	
	共成活仔蝎(只)	

表 5-3　常规观察记录表

类别 \ 时间 / 内容				
温度(℃)				
湿度	天气(%)			
	土壤(%)			
	跺体(干、中、湿)			
光照				
通风				
饵料	品种			
	供应量			
	采食情况			

续表

类别 \ 内容 \ 时间						
加水	加水量(千克)					
加水	温度变化(℃)	加水前				
加水	温度变化(℃)	加水后				
加水	温度变化(℃)	降低				
加水	温度变化(℃)	大气	加水前			
加水	温度变化(℃)	大气	加水后			
加水	温度变化(℃)	大气	增加			
加水	温度变化(℃)	土壤	加水前			
加水	温度变化(℃)	土壤	加水后			
加水	温度变化(℃)	土壤	增加			
噪音						
天敌						
活动						
死亡		数量(只)				
死亡		原因分析				
第二天工作安排						
备注(随机记录)						

1. 安全保护

饲养者与毒蝎打交道,必须学会自我保护,以减少或避免中毒受伤。

首先，在饲养管理及收捕加工过程中，要穿长袖衣、长管裤、长筒袜及不带网洞的鞋，并扎紧袖口、裤腿；戴好防护手套；配备各种必要的物品，如长把扫帚，用以清扫及收捕；镊子，用于代手抓蝎；带盖（盖上有气孔）的盛装容器，用以转移、运输毒蝎等。

其次，除了设施保护以外，还应注意行为保护。这要求饲管人员在接近蝎群时，尽量减少对它们的刺激，并减少用手及身体其他部位触及蝎的尾部。另外，注意对所戴手套进行去毒处理，以防手套带毒后被手及其他部位接触，尤其是被伤口接触而进入体内中毒。同时，必须强调的是，非饲养人员一般不得进入蝎场养殖区，尤其不能动手逗引蝎群。各类有可能接触毒蝎的人员进入养蝎区，都要进行设施保护后方能进入。

2. 蝎蜇伤后的表现

活蝎螫伤人体，多发生在手、脚及小腿等部位，因为这几处最容易接触蝎群，往往由于自身疏忽而被攻击。蝎攻击人以后，将毒刺扎入人体，毒液迅速释放，并向周围扩散。毒液很快进入血液，产生中毒，急性发作。

人被蝎蜇伤，会感到剧烈的疼痛或麻木，并出现红肿；也有的人被蜇伤后不肿，疼痛轻微，1 小时后症状消失。个别人被蜇伤后，疼痛难忍，全身过敏性中毒，红肿奇痒，起疙瘩，上吐下泻，有时出现头昏嗜睡，困倦无力，血压下降，窒息昏迷，口吐白沫，呼吸减弱。但一般不会造成生命危险，1～2 天后可康复。

3. 中毒后救治

被蝎蜇伤后立即用细布条、绳或橡皮带扎紧血液通向心脏的一方，然后在伤口周围用手指向外挤压，挤出一部分毒液；也可用口吮吸出毒液（必须是口腔无溃烂或龋齿、牙龈炎、慢性咽喉炎或慢性扁桃体炎等口腔疾病），吸完后，松开扎口；也可用平时准备的带有锌盖和胶塞的注射用的小玻璃瓶，将底部磨穿、磨平滑后罩住伤口,再用注射器抽尽瓶内的空气,使其变为负压而吸毒,可反复抽吸,直到把伤口内的大部分蝎毒吸出为止。

这一切做完以后,即开始对患部进行药物涂敷,拔毒止痛,缓解症状。

(1)针剂急救方法

①肌注抗蝎毒血清或蛇毒制毒素注射液(按说明书使用),以缓解中毒症状。

②静脉注射10%葡萄糖酸钙10毫升,或用10%水合氯醛15～20毫升保留灌肠,以防伤者中枢神经系统出现并发症。

③肌注阿托品1～2毫升,以防伤者心动过缓、血压继续下降。

④用1%的吐根碱或2%的普鲁卡因在被蜇处的近端做皮下注射,或在患处做局部封闭,均可缓解肿痛。

⑤用可的松100毫升混入5%葡萄糖或生理盐水2000毫升,静脉滴注,以促进其蝎毒的分解和排泄。滴注时,为防止心肌受损,可配合服用甲硫丙脯酸12.5克。

(2)口服药物治疗方法

①口服镇痛片,每次2片,多喝温开水。

②口服"纪德胜蛇药片",每次2片,多喝温开水,止痛效果特别好。

(3)外敷药物理疗方法

①用浓高锰酸钾水、浓肥皂水、洗衣粉水、小苏打水、氨水、淡石灰水、稀碱水泡洗患处,均可消肿止痛。

②平时将20条活蝎,泡入200克的白酒中,1星期后即可使用。蜇后擦洗伤口有奇效。

③用活蜘蛛或活蜗牛1～2只捣烂,敷患处,见效较快。

④活蝎2条捣烂,用花生油调敷患处,可止痒去痛。

⑤大蒜瓣一个切成两半,在伤口处来回反复涂擦,效果较好。

⑥用万金油(清凉油)或风油精涂抹患处,可止痛。

⑦用中草药“半边莲”适量，研成细面，加醋调敷患处，效果甚佳。

⑧用中药附子磨粉，用醋调成汁液涂敷患处。

⑨用新鲜桑叶或大青叶或薄荷叶捣烂敷患处，可缓解肿痛，效果良好。

⑩白矾 6 克，研细面，用醋调成糊状，涂敷患处。

如用上述抢救方法抢救均无缓解作用时，应立即送往医院治疗，以防意外。

三、适宜的饲养密度

生产实践中发现不少养殖户往往随意增加饲养密度，结果影响了蝎的正常活动和蜕皮，容易出现蝎集结成团，挤压受伤；饲养密度过高，同时也影响蝎的呼吸、通风和换气，容易滋生细菌，感染疾病；甚至由于争窝等引发互相残杀的种内竞争现象。

根据多年的养殖经验，每平方米蝎池合适的饲养密度为 2～3 龄蝎 8000～10000 只，4～5 龄蝎 4500～6000 只，6 龄蝎 3500～4000 只，成年商品蝎 1500～2000 只，种蝎 700～800 只。如果是临产母蝎最好不超过 600 只为宜。

每一蝎池投放蝎种尽量一次放足，若分两次或多次放入，则先放的蝎和后放的蝎很可能发生恶斗，互相残杀，造成大量死亡。若确实需要两次或多次放入时，可向池内喷一些酒，麻痹蝎的嗅觉，待酒味散发后蝎气味相同，则可和睦相处。

若密度过大，可以通过两个途径来解决：一是扩大养殖面积和增加蝎池的数量；二是适当增高垛体，以提高空间利用率。

在实际生产中，饲养者应根据饵料、环境条件、饲养设施情况灵活掌握养殖密度。还要根据实际情况，夏天可少些，冬天可密些。

四、温、湿度管理

1. 温度管理

采用日光温室进行控温养殖，除及时揭、覆草苫，盖遮阴网外，还要做好以下三方面的工作。

(1)3 月初白天开始揭起草苫，争取较多光照。在无云层遮挡的晴天，通过塑料薄膜进入棚内的光量多且强，室温升得高且快。阴天由于受云层遮挡，通过塑料薄膜进入棚内的虽然只有散射光，但是，对提高室温也有一定作用。因此无论晴阴，都要及时揭起草苫，争取更多的光照。盛夏高温时节，草苫、塑料薄膜应适时揭开。为了避免室内因强光的照射而产生高温，可在温室顶部遮上遮阳网，以阻挡部分光线的进入。遮阳网距室顶应在 1 米左右。9 月中旬至 11 月底，气温逐渐降低，要及时用塑料薄膜将蝎池盖好。11 月底至翌年 2 月底，外界温度降低，太阳能蝎池内的温度已不能满足其生长发育的需要时，应将蝎池上面盖好草帘，使蝎进入冬眠。

(2)认真掌握夜间人工加温技术。采用燃料加温，冬季在晚上 6 时左右起火，凌晨 5 时左右将火压小。春、秋季白天室温较高，夜晚若保温措施得力，室温亦不会低于 25℃，故可以停止人工加温。

(3)搞好自然采光和人工加温的接替工作，保持温度恒定。

现以冬季的管理为例说明，此项工作可分为四个阶段进行：

第一阶段，早上 9 时左右，太阳升起后揭起草苫，通过自然采光使室温升高，此时停止人工加温。

第二阶段，到下午 4 时左右，太阳偏斜，室温开始下降，盖上草苫。盖苫后，由于部分阻隔了室内热量外溢，室温将会上升 1～

2℃。以后随着室外气温下降,室温开始降低。

第三阶段,由于室温下降,至晚 6 时左右,室温接近适宜温度下限,开始人工加温控温。

第四阶段,黎明时,将火压小。太阳升起后,揭开草苫采光。

上述四个阶段合理安排,周而复始地接替进行,就能使室温恒定。由于温室内的环境特点,如果管理不当,时而降至 10℃左右,时而升至 20℃以上,令蝎难以适应,将会影响蝎的正常生长发育,甚至造成产蝎难产、死亡、蜕皮幼蝎不蜕皮或半蜕皮而死亡。因此,室内温度应相对稳定,起伏在 6℃左右。

2. 湿度管理

蝎在不同发育阶段对环境湿度的需求也不一样,例如孕蝎需要较小湿度,而产蝎与仔蝎则需要较大湿度。温室内的环境湿度可根据需要人为地进行调节。若湿度小了,可向垛体滴水、渗水、向地面洒水或放置水盆蒸发增湿。湿度过大时,可通过加温蒸发或加强空气流通促使室内水分散失。

3. 温度与湿度的相互协调

室内的湿度与温度的关系极为密切,在同一条件下,湿度随温度的变化而变化。一般说来,温度较高时,水分蒸发快,湿度则较小;温度较低时,水分散失慢,湿度则较大。

(1)温度和湿度导致的结果:具体说来,温度和湿度这一矛盾并存往往会引出四种结果:

①低温高湿:低温下,蝎活动量小,代谢能力差,不需要那么多水分。由于喜湿,蝎会纷纷从垛体上爬到地面上。长时间如此,极易导致蝎尤其是 2 龄和 3 龄蝎大量死亡。同时,长期低温环境极易造成蝎消化不良。

②低温低湿:环境温度和湿度都很低,二者呈现平衡局面。这种状况下,蝎虽然不会大量死亡,但生长发育会受到抑制,蝎蜕不

了皮，会长成小老蝎。

③高温低湿：高温下，蝎活动量大，代谢能力强，体表水分蒸发量大，而外界及体内的水分不能满足自身的需求，会引起脱水死亡，甚至激化蝎的种内竞争。

④高温高湿：此状况下，蝎最活跃，蜕皮最快，生长发育最好。

需指出的是，这里所说的高温、低温、高湿、低湿，均指蝎机体活动所需要的室温和适湿的相对高和低。因此可以看出，相对的高温高湿对蝎的生长发育最为有利。

(2)调节的方法：在日常操作中，湿度大小与温度高低成正比，即温度较高时，湿度相应地大一些。温度高了，若不及时加湿，必然会出现高湿现象。在加温的同时要随时注意湿度的变化，在增加湿度的同时要经常观察温度的变化，以协调二者之间的关系。

①温度调节：控温养蝎适宜的温度以保持 32～36℃为最佳，昼夜温差不能超过 6℃，室内空气湿度应保持在 60%～80%。在实际养蝎中，湿度大小应与温度高低成正比，即温度较高时，湿度相应地大些。温度高了，若不及时加湿，必然出现干燥现象；湿度增大了，若不及时加温蒸发，必然会出现高湿现象。所以，在加温的同时要随时注意湿度的变化，在增加湿度的同时要经常观察温度的变化，以协调两者的关系。目前，调温调湿多采用人工的方法，费时费工又不准确。有条件者可采用智能钳蝎全自动加温加湿数字显示的煤电两用测控仪。该测控仪能根据蝎的生长发育所需要的最佳温湿度进行自动调节、自动跟踪，并能同时显示蝎房内的温度、湿度数值和储存温湿度数值。它无需看管，如温度低于所设定温度 0.2℃时，自动打开炉门或烟道的风门或火门及电加热器进行升温；如忘记换煤或给烟道加煤时，温度就会继续下降，当下降到比所设定的温度低 1℃时，马上产生报警，同时低温绿色指示灯闪亮，提醒马上换煤或给烟道加煤，这样温度就不会急剧下降了；如遇特殊情况或夏天自然温度超高，高于所设温度 5℃时，它

也会及时报警，同时高温红色指示灯闪亮，并自动打开换气扇或风扇进行降温，当温度下降到所设定的正常温度时，又自动关闭风扇，就这样一年四季保持着蝎的生长发育所需的最佳温度，实行了自动调节、自动跟踪、自动恒定。

湿度控制在人工养蝎中是最难的问题，也是最易忽视的问题，一般的养殖户，只重视土壤水分并不重视空气湿度。有条件者可采用煤电两用测控仪，可同时设定土壤水分和空气湿度数值。

· 用硅湿敏传感器进行蝎池内土壤水分检测：采用自动土壤微渗保湿法，给蝎池内土壤自动恒湿，解决了洒水或喷水加湿方式所存在的问题。只要土壤水分低于所设定的水分时，即自动打开微渗器进行加水 30 秒(时间可调)。如土壤水分还达不到所设定的水分时，经过 4 小时左右即又自动打开微渗器给土壤加水。如经过 4 小时左右，池土通过微渗上下自吸得到所需的水分时，微渗器就不会再打开了。该测控仪设计为二次加水法，以防止土壤水分不匀，因为土壤含水量的多少，不是当时加水就能得到解决的，这大约需要几个小时，一般设计为 2～4 小时，具体可根据各地土壤状况调节。

· 采用湿度传感器进行空气湿度检测：利用超声波振荡将水雾化，给空气自动恒湿。如蝎房内空气湿度低于所设定的湿度即自动打开雾化器喷头，进行喷雾加湿，当湿度达到所设定的湿度时又自动关闭雾化器停止加湿。如遇特殊情况，湿度过大，它又能够自动打开换气扇，进行驱湿，当湿度达到所需的程度时，即关闭换气扇。就这样一年四季按蝎所需的最佳湿度进行自动调节、自动恒湿。

②调节湿度：调节湿度包括空气相对湿度和池土湿度的调节。空气相对湿度相对来说较为容易解决，增湿方法一般因季节而异。夏季如空气干燥，可在室内的地面上或墙壁上喷洒清水；冬季可在炉上放水壶或水盆，靠水分的蒸发增加湿度，在地面上洒水也能增

加蝎房湿度。减湿可用开门通风等措施来解决。

池土湿度调节量显得相对复杂一些。洒水或喷水的加湿方法有很大缺陷,刚加过水时湿度较大,地面会出现积水或形成稀泥。蝎虽喜潮,但怕水,这样的环境会对蝎造成伤害。同时,加水量大,容易使温度下降,水量小,湿度不易保持。喷水、洒水还会惊扰蝎,影响其正常的生命活动。为了解决这个问题,可用注射器向土壤深处多点注射。

但最好的还是让泥土慢慢挥发水分来调节湿度,这样既能调节空间湿度,又能调节池土湿度,使之达到协调。具体做法是在饲养池的地面,铺上一层5厘米以上的无黏性沙土(即池土),在沙土的上面用喷雾器抽上喷雾,使水分慢慢渗透下面,让底层沙土的水分慢慢挥发扩散到蝎室的各处及部位,以调节所需的湿度,这样既不会将蝎淹死,也不会黏住蝎的足须。

五、通风换气

房(棚)内长期处于半封闭状态,空气流通不畅。为了保证有足够供蝎呼吸的新鲜空气,要注意加强房(棚)内的空气流通。

房(棚)内的空气和温度也是一对矛盾:温度高了,蝎代谢旺盛,气体交换的频率加速。若空气流通不畅,必然会产生气闷;若空气流通过畅,室内温度必然下降。因此凡利用有烟煤及农业副产品作燃料时,要经常检查烟筒或火道、火墙是否密闭,有无漏烟现象,发现问题,及时修理。加煤过程中要防止煤烟或煤气进入房(棚)内以防止蝎中毒。

另外,在加温控温养殖中,为了保温,室内窗户及缝隙往往被糊得很密闭,外面空气难以进入,而室内煤的燃烧又消耗氧气,时间一长,造成缺氧,若不注意,则会导致蝎慢性缺氧而死。因此,要注意定期开门,及时交换室内外空气,以保证做到高温不缺氧。

六、科学投喂

食物是蝎吸取营养物质的来源，因而是蝎生长发育、交配和繁殖等生命活动的前提条件。蝎得不到充足食物，则长不壮，而且容易引起自相残杀。若食物单一，蝎营养单一则蜕皮困难。但若投食过多则造成浪费，在温度低的时候还容易引起蝎腹胀而死亡。所以应科学地给蝎喂食。

1. 蝎对饵料的要求

蝎对食物的选择性很强，一般喜欢食取含水量在70％左右的昆虫。若含水量过高或过低，蝎都不爱吃。对有腐臭和有特殊气味、呆滞、死亡的昆虫也不爱取食。因此在给蝎投喂食物时，必须定时、定量才能保证饵料的新鲜和清洁，而且还可减少不必要的浪费和环境的污染。

绝大部分养殖户都是以黄粉虫作为蝎的惟一饵料虫。蝎如果只食用黄粉虫，是不能全面摄取所需要的各种营养成分的，也必然会导致营养不全，而影响其正常生长发育。蝎的眼睛只是一个感觉器官，只能感光而不能成像，在距蝎10厘米处设置静止障碍物，蝎视而不见，还是一直往前走。只有接触到静止障碍物，行动受阻时，它才会改变行走路线。如果黄粉虫活动量不大或处于静止状态时，在距蝎3厘米的地方，蝎也发现不了它。只有双方互相接触时，蝎才能将它捕食。由此可见，如果看到黄粉虫有部分剩余，就认为蝎吃饱了，不用再投放饵料虫了；或者认为是投喂次数过多，这是完全错误的。因为那些残留的黄粉虫并不是蝎吃饱了以后剩下来的，而是由于它的活动量小，没有被蝎发现。

蝎捕食饵料虫是增加体内水分的主要渠道之一，长期缺食，会导致蝎体严重缺水。当蝎又饥又渴时，就会发生激烈的种内竞争，出现弱肉强食的现象，如强食弱，大食小，正在蜕皮或刚蜕皮尚未恢复正常的蝎也会被其他同伴吃掉。所以，单靠以黄粉虫作蝎的食物是远远不够的。应该同时投放地鳖虫、蝇蛆等三种以上活动较灵敏的组合饵料虫，以便于蝎有更多的机会捕食到各种饵料虫，不但能调动蝎的食欲，而且还可以补充其体内的各种营养元素，对幼蝎有利于生长发育，对成蝎能增强体质，提高繁殖能力。

不同育龄的仔蝎，需要动物饵料的大小也不同。过大了，捕不住，过小了，吃不饱。根据不同蝎龄投放大、小不同的饵料虫是最经济的，既有利于蝎捕食，又提高饵料利用率，避免不必要的浪费。

蝎为了防避敌害，养成了昼伏夜行的生活习性。人工饲喂的蝎，在正常情况下，白天总是群居在隐蔽的缝隙中栖息，到了傍晚后便纷纷出动，寻找食物。据观察，蝎在晚上的采食量占 80% 以上，因此，给蝎喂夜食，是符合它的夜行特性的，也是比较科学的。

此外，在投食时还要勤看、勤观察和注意蝎的一切情况。看看所养蝎的强弱，蝎龄的变化以及蝎群的新老等。体强的蝎应多用动物性和组合饵料搭配饲养，体弱的蝎群宜多供给营养较丰富的动物性滋补饵料。如果是刚引进的新蝎群，则宜多投喂动物性饵料，促使其尽快适应人工养殖的生活环境。另外，不同蝎龄的蝎群，应按不同蝎龄的特点和生长发育要求合理选择不同类型的饵料和组合。这样就可以达到事半功倍的效果。

2. 蝎的捕食方法

蝎视力很差，但嗅觉和触角却很灵敏。当蝎发现昆虫以后，首先伸出角须，进行试触，在没有危险后，再进行第二次试触，然后退回，伏地不动，爬伏地点离食物很近。经过两次试触，确信没有危险后，第三次伸出角须，用钳肢把猎物紧紧夹住。此时昆虫拼命挣扎，蝎便弯曲后腹部用毒刺把昆虫刺伤，使昆虫处于麻醉状态，然后弯曲角须把昆虫移近口器而食之。

3. 蝎的吃食方法

蝎吃食时大都用钳肢夹住食物，把食物移到口器附近。在一般情况下，它先吮吸食物中的汁液，而后伸出左边螯肢，用螯肢肢钳撕破一块，送到口器中。蝎并不是吞食食物，而是把消化液吐出注入昆虫体内，将昆虫消化后再吸食其汁液，去掉残破的昆虫外肢壳。

4. 投食方法

加温控温养殖的蝎因受气温影响，仍然是昼伏夜出，晚 7～12 时是活动的高峰期，所以应在晚 7 时前将饵料投入蝎池内。昆虫性配合饵料可将新鲜饵料虫放在蝎池内供蝎任意捕食，大蝎投大虫，小蝎投小虫；非昆虫性配合饵料可放在小食盘中或塑料布上供蝎取食，食盘应定点放置，晚上 5～6 时放入，第二天早上取出。注意勿将非昆虫性配合饵料直接撒入蝎的活动场地或栖息窝穴内，以免剩余的饵料发霉、腐败而变质，并招致细菌的蔓延、侵袭，致使蝎得病。

一般情况下蝎食量很小，成龄蝎 1 次进食量为 70～80 毫克，小蝎 1 次进食量为 10 毫克左右，蝎进 1 次食后可饱 4～5 天。为了防止蝎病的发生，每隔 10 天，再用吃了土霉素和食母生的黄粉虫连喂 3 天，可预防各种细菌性蝎病。

蝎食量受温度影响很大，温度越高，食量越大，应根据早晨残留食物数量细心掌握给食多少。太少了，蝎得不到充足食物，蝎长不壮，而且容易引起自相残杀；投食过多造成浪费，在温度较低的时候还容易引起蝎腹胀而死亡。

如果蝎采食后生长发育正常，排出灰白色粪便，说明饲料比较符合蝎的需要。若蝎食后出现腹胀、黑腹或拒食，食后排出土黄色或黑色粪便，说明饵料有问题，应改喂饵料，在饵料中增加动物性食物成分，并可考虑提高养殖温度，以提高蝎的消化能力。

总之，饵料的投喂量应按照蝎的数量、蝎龄来考虑。要让每只出窝的蝎都能得到食物，这样就可以避免蝎因食物的不足而相互残杀致死。在投喂食物时，供给昆虫等动物性饵料应“宁足勿欠”；而在供给配合饵料时，则应“宁欠不余”。

七、科学喂水

蝎的生长发育离不开水分，水分缺乏，将影响机体活动的顺利进行。蝎体内的水分不停地消耗着。其消耗方式有三个：一是体表散发水分，二是通过粪便排出水分；三是通过呼吸散失水分。因此蝎需要不停地从外界获取适量水分以维持自身的体液平衡。

水分供应适宜时，蝎体光泽明显，否则就显得干枯，甚至会脱水死亡。供水时不可直接用水盆喂水，以防止小蝎掉进水盆淹死，或者水泡于书肺孔而致使蝎呼吸困难。喂水有两种较好的方法：一是按每平方米养殖面积放置 3 块 10 厘米×40 厘米×4 厘米左右的泡湿干净水的海绵，让蝎晚上出来活动时吸吮水分；二是养蝎池里放些碟子、盘子，盘内装过面的鹅卵石或石粒，然后往盘中加水，以不见明水为准，让需要水的蝎爬到潮湿的石面靠蝎自身的调湿性进行自动吸湿或直接吸吮。

海绵和碟子、盘子及鹅卵石、石粒要清洗干净后用 0.1%高锰酸钾消毒，而且每隔 1 周左右消毒 1 次。消毒液可用 1%食盐溶液。水要经常更换，保持新鲜，一般每 2～3 天换 1 次，夏天一定要经常检查水质，污染后及时更换。

夏季可给蝎的饮水中加适量的白糖，冬季加适量的红糖，有些养殖者还给幼蝎添喂少量的牛奶，既能增加养分又能补充水分。

八、及时分龄分群饲养

蝎的生长速度与其本身的摄食能力大小有密切的关系，即便是同一窝繁殖的幼蝎生长差异也是很大的。在生长过程中，个体健壮的大蝎最容易吃掉体质弱的小蝎，末脱皮的吃掉正在脱皮的残弱蝎，为减少此种情况的发生，可在事先多准备一些场地，将体质强弱不同的同龄蝎分别饲养并经常观察它们的生长情况，始终做到及时分养，规格一致。

九、注意防逃

蝎极善爬行。白天躲在瓦片或缝隙里，显得很老实，而一到晚上，它就四处行走，寻找逃跑的地方。所以，要时刻注意防止蝎外逃。

下面介绍几种防止蝎外逃的措施。

(1)无论是何种养殖方式，一定注意四周要有光滑的防逃设施。

(2)池子四周粘贴一圈防逃玻璃，使防逃玻璃形成完整的一圈。

(3)在养殖棚舍四周修建的防护水沟，平时都要盛满水，因蝎怕水，所以欲逃蝎见水而退，以此防逃。

(4)无论何种养殖方式都可采用塑料纱网或不锈钢纱网做成不同规格的纱罩罩在池子上，为便于投食、供水，可在适宜的地方安上 20～50 厘米长的拉链，工作时间打开，平时锁上。这种方法虽然给操作带来不便，但它既可防逃又能防天敌入侵，一举两得。

第三节　蝎的分龄饲养管理

各龄蝎的生活习性、生长特点和对食料的要求有所不同。为适应蝎各生长发育期的生活要求和便于饲养管理，可把蝎划分为幼蝎、青年蝎、成年蝎和孕蝎产仔期四个龄期，根据各龄蝎的特点分别进行饲养管理。

一、幼蝎的饲养管理

长期以来，幼蝎蜕皮时容易死亡或相互残杀，这严重困扰着养蝎业的发展。因而幼蝎的饲养管理要求及技术难度高于其他龄的蝎。所以，必须有针对地采取措施，让幼蝎顺利蜕皮，提高成活率。

1. 幼蝎的特点

2 龄、3 龄、4 龄共 3 个龄期均为幼蝎期。

仔蝎出生后 5～6 天，温度在 32～36℃时，便在母蝎背上蜕第 1 次皮，成为 2 龄幼蝎。再过 5～6 天能离开母蝎背，独立寻食活动。刚离开母体的幼蝎，食欲大增，48 小时内可吃掉 20 毫克小黄粉虫，此时应及时定量投喂质量好的 2 龄小黄粉虫或小土鳖虫，以免强吃弱相互残食。1 个月内体重可增加到 0.24 克。

2 龄幼蝎在 45 天左右，便可蜕第 2 次皮，成为 3 龄幼蝎。3 龄幼蝎 60 天后，可蜕第 3 次皮，变为 4 龄幼蝎。4 龄幼蝎一般体长在 3 厘米左右，体重在 0.6～0.9 克。

2. 环境控制

生活条件的差异关系到蜕皮时间的长短和不一致，幼蝎生下来后第1次蜕皮比较集中，一般同一窝幼蝎蜕皮的时间相差约3～6小时左右，从第2次蜕皮开始时间便不一致，约每隔40天左右蜕皮一次，如管理方法不当，密度过大，食物缺乏和饲料单一或蝎窝的结构不合理等，会产生严重的残杀现象或因蜕不下皮而死亡等。

蝎在蜕皮过程中怕高温，喜欢温度适中、湿度较大的环境，幼蝎蜕皮前一般迁移到蝎窝较深的中内部，外界温度越高迁移越深，蝎在蜕皮前一般呈半休眠状态不吃不动，活动减弱，外皮粗糙，体节明显、腹部肥大等，蝎在蜕皮时，用步足抓着石块泥土等作为附着点，蜕皮前由于吸收了大量的水分，体压增高，于是旧皮便从头胸部的钳角与背板之间的水平方向裂开，先蜕出头胸部，附肢折叠于腹面，新蜕出的部分时而扭动着以此为动力，从头部至腹部依次脱出。如温湿度条件不适宜，则时间延长甚至中途死亡。

幼蝎蜕皮时，要求日平均温度为25～35℃，蝎窝内土壤湿度应在10%～15%，空气相对湿度应控制在75%左右，密度2～3龄蝎每平方米8000～10000只以下，3～4龄蝎应控制在4500～6000只。

实践证明，只要生活环境符合2龄幼蝎的生活习性，那么2龄幼蝎生长是较迅速的。但这个时期若管理不善就会出现大面积的死亡或生长停滞，造成这种情况的主要原因就是饲养方式和饲养环境不符合2龄幼蝎的要求。

2龄幼蝎的生活环境一定要安静，空气要新鲜、流通，避免敌害进入蝎活动区内，防止各种气味飘进蝎房，更不能在其周围使用农药和化肥。

2龄幼蝎饲养45天左右时便先后开始蜕皮，成为3龄幼蝎。这个时期是饲养者最难把的一关，这一次蜕皮若管理不适是死亡率最高的，有时会达到90%。出现这种情况的原因主要有以下几种：

(1)平时没有供给足够的多种类的鲜活饵料,造成饵料单一化,使幼蝎在蜕皮时缺乏某种激素而出现互相残杀。

(2)2 龄幼蝎没能吃够或者没能贮存更多的营养来作蜕皮准备(因蜕皮时蝎需要消耗很大的体力与营养),使 2 龄幼蝎蜕皮时因体力达不到,蜕不下皮而出现大批的死亡。

(3)即使 2 龄幼蝎的投食供水都很及时,但到蜕皮时仍出现死亡的现象,原因是 2 龄幼蝎活动区的湿度或温度达不到蜕皮时的要求。

(4)蝎属冷血动物,有相互残杀的恶习,特别是在 2 龄幼蝎蜕皮阶段,这种现象更为严重,未蜕皮的残杀正在蜕皮的,这种情况是在养蝎当中常见的。这时应加强科学管理,把残杀率降到最低。有效防止相互残杀的措施就是限制 2 龄幼蝎的活动区域,固定限量饲养,把 2 龄幼蝎封闭在一个活动区域内,供给足够的食物与清水。实践证明,这样处理的 2 龄幼蝎成活率明显提高,可使其顺利蜕皮进入 3 龄幼蝎。

3. 幼蝎的饲喂

2 龄幼蝎体长约 1.5 厘米,活动采食能力都很强,所以,供食与饮水都应及时。2 龄幼蝎对一些喜食的饵料比较敏感,但若要想达到快速生长的目的,在投喂时饵料中就必须要含有一些激素类物质,这样可打破其体内的平衡,使其加快蜕皮与生长。所以在投喂时就必须多投一些含矿物质的饵料。另外,要经常更换动物类饵料,做到交替投喂。在投喂黄粉虫时应投 1 厘米以下的幼虫,投喂土鳖虫时应投喂刚孵化出 20 天左右的小幼虫,若这时投喂过大的黄粉虫或土鳖虫,就会危害 2 龄幼蝎的正常生长。在投喂足够食物的同时,应提供清洁的饮水。因其身体柔软,体内水分易于蒸发,所以要及时补充水分,保持体内水分的平衡。如果供水不足,幼蝎容易发生胃肠疾病,且降低食欲,时间长了,蝎体会变得干燥无光泽。这样，生长缓慢，延长了蜕皮时间，同时还会因缺水发生互相残杀现象，降低幼蝎的成活率。

3～4 龄幼蝎活动敏捷，已具有攻击和捕食能力，食欲旺盛，代谢功能较高，是蝎一生中生长发育最快的时期。其对食料的适口性和营养性要求很强，在饲养过程中，应喂足、喂好适口的食料，千万不能马虎。

4. 严防幼蝎外逃

蝎逃跑能力特别强，尤其是幼蝎逃跑更为严重。尽管立装玻璃条、平装玻璃条防逃，也不能阻止它们的逃亡。其原因是两块玻璃接头处严，但中间总有一小缝，幼蝎便从这条不起眼的小缝中逃之夭夭，即使使用透明胶布将小缝粘住也不行。胶布与玻璃接触的边缘处还有一小埂，幼蝎也会顺着肉眼几乎看不见的这些小埂逃跑。

有时玻璃条上粘上一点点的灰尘，使得玻璃不光滑，幼蝎也会从这变粗糙的玻璃面上逃跑。

有时蝎会像搭云梯似的互相牵拉出逃，诸如此类原因甚多。只要有一条逃跑，它们就会从此处在一昼夜之内大部分或全部逃跑完。

因此除要注意检查外，还要经常用干净抹布抹净塑料布和玻璃条，这样也可大大减少了蝎逃跑的机会。

二、青年蝎的饲养管理

青年蝎是指 5～6 龄阶段的蝎。

1. 青年蝎的特点

这个阶段的蝎生长速度略有下降，但还是生长发育较快的阶段，体长和体重变化明显，且已进入生殖器官发育阶段，所以这个阶段的管理重点是加强营养，为防止品种退化打下良好的基础。

2. 加强营养

青年蝎进入生殖发育期，对食料的营养性要求较为严格。因此，此阶段应提供充足的、多样化的食物，可以适当投些体型稍大的饵料虫，并注意饵料虫要新鲜、清洁，让蝎吃饱、吃好。还应精心观察其进食情况，发现异常情况要及时处理。

3. 控制好生活环境

切实控制好生态环境，提供青年蝎适宜的温度、湿度、通风和光线等，使蝎健康生长发育。

4. 搞好环境卫生

青年蝎虽然比幼蝎抵抗力大大提高，但因取食量大，因而要特别注意病从口入，饵料和饮水要清洁、没污染，及时清理池中的死饵料虫和变质饵料，饮水要定期更换，海绵和食盘要定期消毒。

5. 及时分群

随着蝎不断生长发育，原来池中的密度会显得过大，此时应及时捕移分群和进行第一次种蝎的选育，留种的种蝎要专池饲养，不留种的应调整适宜密度。

三、成年蝎的饲养管理

蜕 6 次皮的蝎为 7 龄蝎，又叫成年蝎。

1. 成年蝎的特点

这个阶段的蝎生长速度开始下降，体重增加不如幼蝎、青年蝎那么快，但它的生殖器官发育最快，处于性成熟阶段，是进行种蝎的选育和培育的最佳时期。这一阶段饲养管理是在仍然创造良好的环境条件和加强营养的基础上，着重进行种蝎的选育和培育优良种蝎。

2. 成年蝎的饲喂

每日投食 1 次，投食量要掌握宁剩勿缺的原则。注意观察进食量，发现食完，及时投食，千万别缺食，尽量满足其对食料的要求。

3. 创造和保持良好的生态环境

成年蝎对温湿度的要求是：温度 28～36℃，空气相对湿度 75%，活动场地的沙土湿度为 10%～20%。每天的中午通风换气一次，以创造和保持良好的生态环境。

4. 培育种蝎

养好种蝎，是发展人工养蝎的基础。

蝎在第 5 次蜕变后 10 余天，大体可分辨出雌雄，在第 6 次蜕变后的第 6 周，可发现雄蝎有发情现象。此时，蝎生长发育基本成熟，也是最后筛选品种的最佳时期。根据选留种蝎的条件，从第一次选留的种蝎中再选出个大、健壮的蝎，按照培育计划配种繁殖。成蝎交配一年中分两个时期：第一个是产前交配。即 5～6 月份交配；第二个是产后交配，约在 8～9 月间，即母蝎产仔后 15 天左右再次发情交配。因此，应适时将雌蝎和雄蝎按（2～3）∶1 的比例混养在一起，任其交配。雌雄交配后，最好分开饲养。这样才能培养出身体健壮，品质优良的蝎群。同时，对原来使用的大公蝎应淘汰。不留种的成年蝎则作为商品蝎另作饲养，进行一段时间的育肥，以便增加重量，然后供药用或食用。

5. 雌蝎孕期的饲养管理

雌蝎在接受交配以后，并不立即受精怀胎，而是将精液暂贮在纳精囊中，待卵细胞发育完全成熟以后，再行受精怀胎。

蝎属卵胎生动物，雌蝎的受精卵在体内发育约40天才能形成完整的胚胎，而后才能产仔。

雌蝎受孕后，应加强饲养管理，确保产出仔蝎的成活率。管理内容详见本书第四章第二节“蝎的繁殖过程”部分。

第四节　蝎的四季管理

一、春季管理

初春，随着自然温度的明显回升，冬眠的蝎先后复苏出蛰活动寻食。但因这一季节温度忽冷忽热，使一些体弱瘦小和部分幼蝎得病而死亡。为了使初春蝎渡过这一难关，应对其采取切实可行的措施。

1. 保持温度

初春季节，气温忽冷忽热，有时还会出现寒流，白天和黑夜的温差较大。因此初春季节不能过早拆除蝎房（棚）上面的防寒屏障，夜间都应用草帘将蝎房（棚）盖严，保持室内的温度，白天应打开草帘接收阳光增加热能，避免白天与黑夜的温差过大，造成蝎生理机能不适应而死亡。一般室内温度应保持在26～36℃。

2. 合理喂食

初春气温不稳定，阴冷天气蝎蛰伏不动，此时一般不需要供食和喂水。待到晚春,气温升高,蝎活动能力增强时,也不应喂得过多且两次喂食时间相隔 10 天左右。若喂食过多蝎常因温度较低消化不良而得"腹胀病"。投喂时可直接将鲜活黄粉虫等投到蝎的活动区,让蝎自由采食。

3. 调整湿度,保持活动区清洁

清明以后,夜间出穴活动的各龄蝎逐渐开始增多,此时应调整活动场地的土壤湿度。在风和日丽的中午,可在棚内或房内喷水,逐步调节地面和池土的湿度,恢复潮湿状态,使各龄蝎利用间接吸湿的特殊生理功能,自行调整机体内的生理水分。但不宜直接供水,以免因暴饮而"腹胀"死亡。

另外,要保持活动区的清洁卫生,勤打扫剩余变质的饵料,经常用高锰酸钾溶液消毒等。

二、夏季管理

夏季饲养的好坏,直接关系到当年产仔成活率的高低,如长期缺食,营养不良,所产幼蝎多为死胎或弱小幼蝎,严重者甚至造成流产。所以,应注意加强营养、精心喂养、饵料多样化,每天傍晚喂食的饵料中添加营养素,这样蝎吃食好,生长快,蜕皮死亡率极低,且抗病能力增强。因此搞好夏季蝎的管理对提高经济效益十分重要。

1. 拆除防寒屏障

立夏以后,即可拆除蝎房(棚)上面的防寒屏障,增加光照,但防雨设施不拆除。

2. 消毒

夏季是蝎活动的旺季,要注意蝎窝安全和防治病虫害。应把蝎池全部清理一次，养蝎池内的砖瓦进行清洗及消毒，同时，挑出弱小或不同龄的蝎另养。调整池土的含水量以15%～18%为宜，室内空气相对湿度保持在75%左右。

夏季还要定期用高锰酸钾、新洁尔灭、硼酸等消毒液对养蝎室环境进行消毒（消毒忌用生石灰）。

3. 正确饲喂

立夏以后，夜间出穴活动和觅食的各龄蝎越来越多，此时应根据实际情况逐渐加食。由于蝎长期冬眠后处于饥饿状态，故对食物需求特别大，初养者往往此时大量投喂，结果适得其反，蝎饱食后消化不良，几天之内暴食而死。正确的方法是：气温在20℃左右时，不宜投食，蝎在每个傍晚后陆续出窝活动。气温在25℃左右时，开始少量投食，并随着气温升高而加大投食量，投食标准以每天早上发现池内有少量剩余食物为宜。饵料以软体多汁昆虫为主（如黄粉虫、土元等），还应增加投喂其他动物性活饵料，使其获得全面营养，以达到母蝎产仔快、产仔多、产优仔的目的。

4. 防治蝎病

夏季雨水多，空气湿度较大，自然温度高，蝎最易得干枯病和黑肚病。这两种病大都是因为吃了变质食物或饮了不洁水造成的。因而喂料、喂水时要注意卫生，有变质的料不能喂，同时及时清理蝎池中死的饵料虫和饵料。此外，还应经常冲洗食盘和水盘，并放在太阳下暴晒及用消毒水消毒。

为了防止蝎病的发生，每隔10天，用吃了土霉素和食母生的黄粉虫，连喂3天，可预防各种蝎病。

5. 做好蝎的管理

芒种以后，没有交配过的雌蝎四处乱窜。除合理调整公蝎与母蝎的比例外，在蝎池内应多放一些平坦的木板、水泥板或瓦片，以便使蝎顺利交配。

进入7月后气温达到32℃以上时，有少量孕蝎产仔，产仔高峰时间一般在7月底至8月初，为提高仔蝎成活率，养殖者应严格按技术操作，以达到最佳经济效益。

6. 调节温湿度

进入盛夏季节，天气往往多雨，空气潮湿、闷热，此时蝎房（棚）要注意通风换气，可在无风天打开门窗，流通空气，若湿度过大，可利用排风扇来调节。如遇高温干旱天气，中午要经常用喷雾器向空间喷水，或向地面洒水，降低室内温度，增加室内湿度。洒水和喷水的多少与次数，主要根据干湿温度计测定空间温湿度情况而定，若湿度过低则多洒或多喷些，目的是使温湿度控制在适宜的范围内。下雨天少洒水和喷水，或不用洒水和喷水。

盛夏时节要在房（棚）顶上盖好黑色遮阴网，既能起到吸热作用又能起到避光作用。

三、秋季管理

立秋以后，大多数孕蝎都已产仔完毕，这时的管理重点是加强对幼蝎的喂养和管理。秋季也是保育幼蝎扩大蝎群的关键季节。

1. 创造良好环境

秋季仍有部分繁殖晚的母蝎还处在繁殖期，这时还要特别注意蝎房内的温度及周围环境的安静，这直接关系到所产出仔蝎的成活率。也可把繁殖晚的母蝎集中在一个池子里，进行专门饲养管理。

8～9月份也正是幼蝎蜕皮时间，幼蝎蜕皮需要一个比较安全、安静的地方，否则就会被其他未蜕皮的蝎咬伤或吃掉。所以要设法创造一个好的环境，多设空穴，使幼蝎能找到合适的地方顺利蜕皮。因幼蝎蜕皮前 7 天左右就不再吃食了，所以在蜕皮前应少投饵料，特别注意忌投喂大于 1 厘米的黄粉虫，因为幼蝎蜕皮时已处在休眠状态，没有一点自卫的能力，这时如有大一点的黄粉虫，会将此时的幼蝎咬死或吃掉。这时的主要饵料应更换为无菌蝇蛆或各种飞行类的昆虫和小土鳖虫。

秋天应对各龄蝎减少放养密度，温度保持在 30℃以上，空气相对湿度保持在 80%左右。活动区的沙土含水量应保持在 20%左右。投食供水都应及时、充足，确保各龄蝎的顺利蜕皮。这也是养蝎成败的关键。

2. 合理喂养

在此期间，养蝎者应特别细致，做到精心喂养。秋季对刚与仔蝎分离开的母蝎应多投食料，此时的母蝎是采食量最大的时候，它需要吃足够的多种类的饵料来补充产仔期所付出的营养，同时也要在体内贮存足够的营养来做越冬准备。

为保证各龄蝎在体内贮存足够的营养做越冬准备，1 万条成蝎每次投食 700～800 克为宜，每 2～3 天投喂 1 次。幼蝎可投喂 1 厘米以下的黄粉虫幼虫和更多的体软多汁的小昆虫，每 5 万条幼蝎每次投喂 50～60 克，每天或隔日投喂 1 次。

3. 做好越冬准备

秋后期要准备好草帘等防寒物品，9 月中旬气温逐渐降低，要及时用塑料薄膜将蝎池盖好，以保证室内温度。

四、冬季管理

蝎为变温动物，在生理上缺乏调节体温的能力，其体温随着周围环境的变化而变化，不同的温度对其生长发育都有着直接的影响。所以,11月底外界温度降低,日光温室蝎池内的温度已不能满足其生长发育的需要,这时应将蝎池上面盖好草帘,使蝎进入冬眠。

1. 充足营养,安全越冬

11月底以后,随着日光温室温度的下降,蝎停止活动和采食,开始休眠。所以,为了保证蝎的安全越冬,就必须在冬蛰前让蝎吃饱养肥,体内贮存足够的营养,否则蝎会因营养缺乏而抵抗力下降,造成死亡。

2. 调低湿度

活动区的沙土含水量应缓慢减少,在冬眠期,沙土的含水量应以10%左右为宜,俗称"全干越冬"。湿度过大会减弱蝎的耐寒性和对疾病的抵抗力;湿度过小有时会引起蝎慢性脱水,导致有些蝎复苏后死亡。

3. 适宜温度

休眠温度宜控制在2～7℃。若休眠期间温度长期偏低,蝎易冻死;温度长期偏高,蝎休眠不踏实。寒冬季节,注意蝎窝的防寒保暖,用稻草等将蝎池、蝎房围护,并要经常检查,堵住缝隙,以防寒风入侵。

4. 防天敌

在冬季,对冬眠的蝎还应特别注意老鼠等天敌的危害。鼠对蝎的危害是相当严重的,它可以打洞进入蝎房,扰乱蝎的正常冬眠。冬眠期的蝎已经失去了活动能力及保护自己的能力,处于假死状态,每只鼠每次可吃掉蝎20只左右,所以它的危害是不容忽视的,一旦发现,应尽快将其捕出。

第五节　蝎种的选育

蝎和其他动物一样，如果任其交配、繁殖，往往血缘相近，后代会逐渐退化，体质变差，个体变小，繁殖率下降，直接影响到蝎的繁殖和发展。因此，在进行人工养蝎时，要十分重视选种工作。

人工养蝎的选种，一般可分两个时期进行：第一次选种在2龄蝎进行仔母分离时，要选出第一胎、产仔早、产仔多、体型大、精力旺盛的母蝎所产的仔蝎作为下一代种源。挑选好的仔种，要单池饲养，投放密度，可适当减少，以有利于仔种更好地生长发育。第二次选种应在种蝎交配产完第一胎后进行，着重选那些产仔早、产仔率高、母性强、仔蝎质量好的蝎作种。对公蝎也应选体格强健、体色光亮、活泼有力、性欲旺盛的作种。这样选种，坚持年年连续进行，就能使该蝎种的优良性状体现出来，保存下去，并得以发扬。

实践证明，在蝎的群体中经常注意选种，选优去劣，有利于保存和发挥蝎的优良特性，有利于稳产高产。当然，仅仅在一个蝎的种群内选育良种，特别是在小规模饲养条件下选种，常常受到血缘牵连、优良种性基因不多的局限，有时还会因近亲交配机会太多而引起优良性状衰退，低劣种性增加的现象。为此，必须有计划地引进其他血缘关系较远的优良蝎种进行杂交，这种做法对小型养蝎尤为重要。在引进新的优良蝎种或驯化野生蝎杂交时，事前必须了解它的品名、产地等。先要使其互相适应，然后再有计划地进行杂交。如用新的优良种公蝎配原有母蝎，或用原有的种公蝎配引进的优良种母蝎，通过继代培养，观察其原有的优良性状有何发展，组合力如何，稳定性如何，而后作为繁殖生产蝎种，并筛选出新的较好的蝎品种来。

第六章 蝎场的卫生防疫及蝎害的防治

蝎抗病力很强，但并不是就不会发生疾病。有的人只重饲养，不重防治，在建造蝎房（棚）、蝎池、蝎窝、投放饲养土和放置器械等操作过程中，不消毒或消毒不彻底，往往会导致蝎疾病的发生。加之疾病发生后治疗不及时，或者措施不得力，就会造成很大损失。如果蝎房（棚）内卫生条件不好，温、湿度过高或过低，饵料虫和饮水不卫生等，也会导致疾病。

在正常情况下，健康蝎昼伏夜出，排出灰白色粪便。若白天拖着尾巴不入窝，在外面慢慢爬行，或者是后腹部下垂，体色有所变化，腹部隆起，排出土黄色或灰黑色粪便，说明蝎已患有疾病，应抓紧时间，采取有效措施对症治疗。

第一节 蝎场的卫生防疫

蝎的有些疾病往往难以治好，所以必须以预防为主。在养蝎场搞好防疫工作是十分重要的。

养蝎场的卫生防疫主要包括蝎场及蝎房（棚）环境卫生、食物卫生、蝎房（棚）及蝎垛消毒、天敌预防等方面。

1. 环境卫生

（1）蝎最怕农药和有害气体，少量农药就能使蝎致死，所以养蝎场内决不可存放化肥、农药、石灰，不可点蚊香，更不能喷洒杀虫剂等。

(2)蝎对湿度、温度有一定要求，尤其是蝎房空气湿度及土壤湿度的保持，对防病十分重要。多数人认为蝎喜欢潮湿，其实不然。蝎是喜干怕湿的，但过于干燥是不利于蝎生长发育的，所以在一般情况下应保持昼湿夜干和窝内干活动场地湿的原则，使其池底或盆底的泥土含水量为15%～20%，空气相对湿度以75%左右为宜。适宜湿度的简易测定方法是手捏饲养土成团，落地散开。

(3)对于蝎房(棚)内大量堆放的粪便、食物残屑，以及死亡的个体，都应立即清扫，不留污物，以免饲养室内细菌滋生，引起蝎的疾病发生。

(4)保持饲养区内安静、严防惊吓、摔跌和挤压。

(5)定时定量投喂，供足清洁饮水。

(6)常对场地、设备进行清理消毒，防止致病细菌、病毒的侵害。

(7)按蝎的大小、孕期、产仔期和仔蝎各龄不同的生长发育期，及时分离饲养并保持最佳的饲养密度。

2. 食物卫生

食物包括饵料与饮水。绝对不能投喂变质、腐败的食物，以免引发侵染性疾病。饮水要卫生，不能饮用变质水。由于蝎的饵料来自人工培养的小型动物，饲料卫生需要从饲料动物培育时就抓紧、抓好。

(1)钙土预防：每平方米饲养场所用钙片 20 片研末后与少许葡萄糖加入蝎的饲养土内，可有效补充蝎所需营养。每次清换饲养土时一并操作即可，此法对促进孕蝎产仔和仔蝎难蜕皮均有特效。

(2)饮水预防：每 500 只蝎用土霉素 2 片、复合维生素 B 3 片

和维生素 B_1 2 片研末，加适量凉开水用海绵沾满药液，放在垛体的最上面让蝎吸饮。一般每月给药 1～2 次，每次连续 3 天。这样可预防蝎厌食，消化不良和预防各种蝎病。

(3)空腹预防：刚引进的蝎种每 1000 只用庆大霉素 2 支、左旋咪唑 1 支对凉开水让海绵吸透，放于垛体上面供蝎吸饮。庆大霉素连用 3 天，左旋咪唑只用 1 次，待 3 天后再投喂。此法能防治蝎寄生虫和提高抗病能力。

(4)食物预防：每 1000～1500 克黄粉虫加入食母生、维生素 C 各 10 片、土霉素 3 片混研成末，并与少许玉米面、豆面和鱼粉拌匀后喂虫(用全价鸡饲料替代也可)，每隔 1 周饲喂 1 次黄粉虫，再用吃了药物的黄粉虫喂蝎。一般隔 10 天左右喂 1 次，可预防各种蝎病的发生，还能提高蝎自身的免疫力，尤其适合饲喂 2～3 龄的小蝎和处在交配期的青年蝎。

3. 防疫消毒

养蝎与饲养其他动物一样，对疾病要防重于治。只要防疫性消毒工作严格，疾病发生率就低，而蝎的成活率就高，可以给养蝎减少很多麻烦。

(1)环境消毒：养竭场区定时清除杂草、清除垃圾，环境打扫完毕后，用 0.02%～0.04%的福尔马林进行喷洒消毒，以减少环境中的病原微生物的发生。

(2)室内消毒：新建的养蝎室(棚)清扫以后，或老的养蝎室(棚)在蝎成批转室(棚)后进行彻底打扫，打扫以后的室(棚)内必须经过消毒。消毒的方法是用 5%的来苏儿溶液彻底喷洒消毒，或用熏蒸方法消毒(熏蒸方法消毒适宜于室、棚内空间不大的情况下，按 1 立方米空间用 14 克高锰酸钾、28 毫升福尔马林的量，在房、棚间中间放一个陶瓷容器，按空间称取的高锰酸钾放在陶瓷容器内，把按空间量取的福尔马林倒在高锰酸钾上，关闭好门窗)，待熏蒸消毒后气味散尽方可再放新的蝎群。

(3)发现病蝎后的处理消毒：如果在室(棚)内发现了病蝎，特别是发现了发霉现象的死蝎后，应立即用0.1%的高锰酸钾溶液，将养殖场地、垛体和用具彻底地喷洒一遍后，再用中草药百部1000克、兑水8000克、煮沸25分钟后的液体，将垛体再喷洒一遍，做到全面彻底地消毒灭菌。也可以用5%来苏儿喷洒或用0.02%～0.04%的福尔马林溶液喷洒。

(4)设施及工具消毒：饲养室(棚)内的设备和工具，因养蝎温度和湿度适宜，可能会有病原微生物附着后滋生，凡是可以搬动的，都必须定期搬出养蝎室(棚)消毒灭菌后再重新使用。这些工具消毒方法有几种：大型工具或设施可用5%来苏儿或1%的福尔马林喷洒消毒。养蝎的器皿可用0.1%高锰酸钾浸泡消毒。

4. 天敌预防

建造蝎房(棚)时，应选好场址，清除蚁穴。门窗安装要严紧，为确保通风透光换气，窗子上可设活动窗纱。蝎房四周设防护沟，严防敌害入侵。

第二节　蝎病虫害的防治

蝎在目前尚未发现流行性传染病，常见病虫害主要原因是由于管理不当引起的。

一、蝎病害的防治

蝎的疾病分为侵染性病害和非侵染性病害两种。

侵染性病害有细菌病、真菌病和寄生虫病。凡吃带菌食物则易感染细菌病，死后蝎尸发臭。凡环境过湿，则易感染真菌病，蝎尸发僵，并会长出菌丝体。环境阴湿、闷热、不卫生，则易被寄生虫寄生，引起疾病。

非侵染性病害主要包括水肿、消枯、步足变态、半身不遂及便秘等。

1. 黑霉病

黑霉病又称真菌病或黑斑病，一般多在秋季发病，且往往大面积感病，蝎群表现出程度不一的病症。

病因：黑霉病的发病主要是蝎房（棚）的湿度太大，潮湿时间过长，真菌大量繁殖，并趁蝎体抵抗力在高温高湿下削弱的机会，随呼吸道及消化道侵入体内，感染蝎体各要害脏器，引起体内机能发生障碍，甚至脏器病变，最终致病，产生致命性危害。

症状：蝎感染黑霉病以后，主要症状表现为后腹不能卷曲，肌肉松弛，全身柔软，弹性降低，行动呆滞，活动明显减少。此时，蝎的食欲大大减小，甚至废绝。天长日久，身体消耗很大，体重减轻，体色光泽消退。仔细观察，发现病蝎前腹面有黑色小斑点，大小不一。如果发病时间长，没有得到及时治疗，会发生病蝎死亡，并在死亡体上逐渐长出菌丝体。

防治方法：

（1）保证饵料、饮用水新鲜，经常刷洗食盘和饮水器，定期消毒。

（2）一旦发病，要做好窝房（棚）消毒，有条件最好移开蝎群，更换地面饲养土。然后向饲养土洒上2％的福尔马林溶液或0.2％的高锰酸钾溶液，并可用金霉素水溶液洒浇蝎群。

（3）用0.25克金霉素1片，研粉加水400克，配成0.05％～0.06％的水溶液，将病蝎后腹夹住，强制其饮水，1天2次，每天饮至不再饮为止，3～4 天即可治愈。多只病蝎可同饮一盆药水，蝎多则多配药水。对于全群发病的，则可在饮水及饵料中加入金霉素，令其饮用取食。

2. 水肿病

水肿病是因湿度过高，造成蝎腹部松软膨大，行动迟缓或伏地不动。严重者会导致群体大批死亡。

病因：饲养土湿度达到 20%以上，空气湿度长期处于 85%以上时，易染此病。

症状：组织严重积水，前腹部膨大鼓胀，伏地不动。患蝎食欲逐渐废绝，发育停止，并多发生死亡。

防治方法：水肿病一般没有特效药，只能通过改善环境治疗。如发现水肿，则立即降低空气及饲养土湿度，并向蝎池内均匀撒一层经过消毒并晒干的干燥风化土或老墙土，并撤去饮水盘。若是室内温度低于 25℃，可加温。

3. 干枯病

干枯病又称消枯病、枯尾病、枯瘦病，常年可见。

病因：与水肿病的病因相反，干枯病主要是由于蝎房（棚）长期没有更换饲养土，饲养土过于干燥，湿度低于 5%所致。另外，蝎吃食不均，有时饥饿过度，有时又暴食暴饮，也会造成此症的发生。

症状：患蝎多表现为全身干燥无光，没有油分，食欲减退，不思饮水，身体极度虚弱，体瘦。病蝎体重低于同龄正常蝎，前腹扁平异常，身体失去平衡，不能正常爬行。久而久之，病蝎对食物产生条件性恐惧反射，尤其对于因饮食不当造成此病的病蝎更是如此。每当投食时，即惊恐后退。多日不食的蝎数日后衰竭而死。

防治方法：

（1）把病蝎捕移到塑料盆中单独饲养，盆中放一块湿毛巾或海绵（以不滴水为宜），一般 15 天左右病蝎体内水分就会得到补充，症状就会缓解。病蝎正常后再将其放回蝎池中饲养。

(2)平时应向干燥饲养土喷洒干净卫生的水，每隔一段时间，应定期更换饲养土，以免饲养土过干或过湿。

(3)调节蝎池的饲养土湿度为20%左右，同时投以新鲜的饵料虫。

4. 麻痹症

麻痹症又称体懈病。

病因：由于温、湿度调节不当，高温、高湿突然来临，在热气的作用下，所形成的急性脱水现象。

症状：发病初期，蝎群慌乱出穴、烦躁不安，继而肢节软化，功能丧失，尾下拖且全身色素加深，出现麻痹瘫痪状态。该病病程短，发病至死亡不超过2小时。

防治方法：

(1)严格控制温度，防止出现40℃以上的烘干性高温。

(2)一旦发病，应立即通风换气，调节温度、湿度，饲喂含水分多的瓜、果、菜叶类食物。严重的应将病蝎捕出进行补水，补水方法是在25～30℃的水中，加少许食盐和白糖，喷洒在蝎的身体上(喷湿即可)。其死蝎可加工制干入药。

5. 腹胀病

腹胀病又称大肚子病、消化不良症、肠胃病。多发生在早春或晚秋。

病因：饲养房(棚)或蝎窝内温度低，蝎活动量减少引起消化不良。

症状：病蝎肚腹部隆起，停止饮食，一般发病后10～15天开始死亡。雌蝎一旦发病，则造成体内孵化失败，从此终生不孕，甚至死亡。

防治方法：

(1)应保持好早春和低湿时期蝎生长发育所需要的适宜的温度,活动场地的湿度不可过大。

(2)药物治疗时可用多酶片或食母生1克,长效磺胺0.1克,与饵料虫100克拌匀食用或溶于水中饮用至痊愈。也可用雄黄1克,硫磺1克,苍术(炒黄)2克,分别研为极细粉状后混合均匀,然后加饵料虫100克拌匀,喂至痊愈。

6. 便秘症

病因:便秘症是蝎进食的食物质量不高或是食后体内水分缺乏,导致的粪便堵塞。

症状:患此病的蝎常表现为肛门堵塞,粪便排泄受阻,可见有大便动作但拉不出屎来。病蝎食欲减退,活动力变弱,机能失调并逐渐懈怠、崩溃。仔细观察后腹部,便会发现其颜色逐渐由深变浅,至灰白色,且白色范围越来越向前腹方向发展,当扩展到后腹第一节时即发生死亡。

对死蝎进行解剖观察,就会发现其肠道系统受阻。肠道内粪便集聚,靠肛门一端被堵塞,粪便变得干硬。向后仍呈稀软状,充满整个肠管。蝎粪呈白色,体壁白中泛黄。

防治方法:

(1)预防主要应改善蝎房(棚)环境,保持饲养土有适当湿度,勤换易干的饲养土。同时,应经常检查空气湿度,如过于干燥应喷洒清水以维持湿度。

(2)在夏季,应注意满足供应清洁卫生的饮水。同时多喂鲜活饵料食物,增加营养成分,注意食物卫生。

(3)当发现此病发生时,及时供应充足饮水,强迫其饮用,以打通肛门,排出粪便,缓解症状。

7. 拖尾病(半身不遂)

病因:因长期投喂脂肪含量过高的饵料和栖息场所过于潮湿

而引发。同样条件下,2 龄蝎易患此病。

症状:病蝎躯体光泽明亮,肢节隆大,后腹部(尾部)下拖,活动缓慢而艰难,有时伏卧不动,口器红色,有似脂溶性黏液流出。病程 5～10 天,最后死亡。

防治方法:

(1)应少喂肉类饵料,以黄粉虫等活体昆虫为主食,并注意调节活动场所的湿度。

(2)若病情普遍,可停喂饵料 3～5 天,然后用大黄苏打片 3 克,炒香后的麸皮 50 克,加水拌成糊状喂至痊愈。

8. 足部病变

病因:足部病变主要是由于蚂蚁等咬伤以后所致,可能是一种中毒性变异反应。

症状:蝎得此病后,表现为步足收缩,肌肉失去伸展能力,不能伸展,也难以有其他动作行为。当遇有紧急情况时,本能逃避,但因步足麻木僵硬,只能乱跳乱翻奔逃。到了后期,步足慢慢变异,脚须发黑变干,以致失去功能而死亡。与此同时,病蝎也会死亡。

防治方法:防治足部病变,主要是预防,严禁蚂蚁进入蝎房,一旦发现有蚂蚁,要立即清除。对于死蝎,应立即清除。

9. 体腐病

病因:体腐病又称黑腐病、黑肚病。多因饵料腐败变质和饮用不洁水而引起。健康蝎假如吃了病死蝎尸体,也会引发此病。该病多在夏季发生。

症状:病蝎肚腹黑色,有腐烂现象。一种为腹黑胀,活动能力减少,食欲减退或不食小饮,病程较短,死亡率较高;另一种为腹黑而瘦弱,腹节下垂,但亦吃亦饮,病程较长,陆续出现死亡。

防治方法:

(1)食物应保持新鲜,平时投放的虫体应无病无害;在池中的死虫要及时挑出；投放的组合饵料宁欠不余，盛放饵料的盘具每天要清刷一次。饮水要保持清洁卫生，水盘及海绵等隔天要进行清洗；空气每天要排换一次；发现有病蝎，立即清除病源，清除死蝎和被污染瓦片、窝土，并用1%～2%福尔马林溶液喷洒消毒，病尸焚烧，不可入药。

（2）把发病蝎分离开，用食母生1克和红霉素0.5克（或大苏打0.5克）或长效磺胺0.5克和土霉素0.5克，混合饵料虫500克喂至痊愈，也可以把药物和水混合浸入海绵供蝎饮用，效果更佳。也可用80万单位青霉素半支，加水1千克，放进水盘饮用，或80万单位青霉素1/4支、拌食250克，喂至病愈为止。

10. 胃肠炎

胃肠炎是消化道感染病菌引起的一种细菌性传染病，多在春季和夏季发生，且多发生于幼蝎，是一种传染快、死亡率高的传染病。

病因：由于蝎摄取了被大肠杆菌污染了的食物或饮水而感染得病。如果蝎抗病力强，就可以抑制或杀灭大肠杆菌而不发病。但是，当蝎体抗病力差，而大肠杆菌大量繁殖时，就会发生胃肠炎。幼蝎因为消化机能较差，易发生本病死亡；成蝎因消化机能健全，抗病力较强，因而比较少发生本病，发病后死亡也较少。夏季高温、高湿，大肠杆菌易于生长繁殖而污染食物和饮水，所以蝎发生胃肠炎病较多。

症状：消化道内的大肠杆菌迅速繁殖，产生大量的毒素直接毒害胃、肠，其中以中肠最为严重。病初病蝎食欲下降，精神不振，少活动，同时肠道由于受到毒害而导致机能失常，发生腹泻，排出水样发臭的粪便，并常滞留在肛门，蝎因缺乏营养物质及脱水而显得消瘦，同时，胃中、盲囊中的食物未消化而发酵，产生大量气体，致使腹部膨胀，粪便中见有大量的气泡。病蝎经3～5天的腹泻，身体极度虚脱而死。剖检死蝎可见,腹部干枯,胃肠中空,充满黏液、气泡,胃肠道充血,黏膜脱落,盲囊中空,肝充血肿大。

防治方法:

(1)保持食物和饮水的清洁卫生是预防本病发生的重要措施,严防病从口入。平时投喂食物要注意质量,保持蝎的良好食欲和消化吸收能力,提高抗病力,对防止胃肠炎的发生有重要作用。

(2)治疗时蝎每千克体重用 0.2 克土霉素,放入饮水中投喂蝎,每日 1 次,连喂 3～5 天。或按每千克体重黄粉虫饵料中,加入 0.15 克磺胺脒饲喂黄粉虫,经过 30～60 分钟,取黄粉虫投喂蝎,每日 1 次,连喂 3 天。

11. 流产

病因:孕蝎受惊吓、挤压或摔跌以及孵化期出现病变等都可导致此病发生。

症状:患病孕蝎出现慌乱不安地走动,并分娩出发育尚不成熟的仔蝎,或黄米粒状的卵,产仔时间短。

防治方法:流产多因为饲养管理不良而引起,所以只要做好预防工作,加强饲养管理,就可以防止流产的发生。平时保持孕蝎良好的生态条件,提供适宜的湿度以及优良的外界环境,防止噪声、强光的干扰;提供营养全面、清洁卫生、无污染的食物和饮水;降低孕蝎的饲养密度,运输时运输量不宜太多,运输过程中减少震动。

12. 死胎

死胎是蝎繁殖期较常见的一种疾病,死胎的出现极大地降低了蝎的繁殖率。

病因:生活环境长期干燥和饮用水供给不及时,饵料虫含水量过低或孕蝎老弱,生殖功能退化和体液失调,孕蝎受到机械性损伤或其他物理性伤害、化学性药物刺激等均可造成死胎。

症状:其症状是孕蝎在产期产下小高粱米大小浅黄色颗粒物。

防治方法：

(1)避免使用衰老雌蝎做种蝎。

(2)加强日常管理，避免种蝎受到意外伤害。

(3)为妊娠期的雌蝎创造适宜的生活环境，避免出现干燥、缺食现象。

二、蝎敌害的防治

蝎个体小，易遭不怕蝎毒的小型动物的袭击。在养蝎过程中，加强对天敌的防犯，人为保护蝎，也是饲养管理的一个重要环节。

1. 蝎螨

蝎螨又称蝎虱或螨虫，寄生于蝎体外部，是外寄生虫。蝎螨是蝎的一大敌害，如不及时治疗，就会很快导致人工养蝎的严重失败，造成不应有的经济损失。

危害：蝎螨成虫为晶白色颗粒状。虫卵为灰白色半透明圆形或椭圆形。蝎螨在闷热多湿的夏天，特别是梅雨季节繁衍滋生旺盛，春秋季少见，冬季绝迹。蝎螨在繁衍滋生过程中常群居或聚集成堆，喜高温怕低温，喜潮湿怕干燥。当温度在 30～36℃，湿度在 85%～90%时，每只雌成虫一生可产卵 200 多粒，十几天便能发育成成虫，即繁殖一代。

常见的蝎螨多寄生在蝎的足部、胸腹部。蝎池中残留的死蝎、死虫和死胎尸体上也常有滋生。蝎体上一旦寄生了螨虫，蝎活动迟缓，食欲不振，日渐消瘦，重者死亡。

防治方法：

(1)投放种蝎前，蝎池、垛体和用具要用 0.1%的高锰酸钾溶液进行严格彻底的消毒。

(2)养蝎池的饲养土要在阳光下暴晒 3～5 天，或用铁锅爆炒

25 分钟后使用。

(3)饲喂黄粉虫的麦麸库存时间不能过长，并要经常日晒，严防潮湿。

(4)蝎池要经常打扫，食具和饮具也要经常洗换，搞好环境卫生，杜绝螨虫的滋生。

(5)一旦发现螨虫，要立即打开门窗通风换气，降温降湿，抑制其繁衍滋生。

(6)用"杀螨剂"一支(0.5 毫升)加水稀释至 500 毫升，用喷雾器喷洒蝎池和垛体，使表面有层雾滴为度。喷药次数和药量要视蝎螨的轻重而定，一般重复用药要间隔 3 天后再用。

(7)蝎友 1000 克，第一次加水 8000 克，熬成浓缩汁液 4000 克，用纱布滤出药汁后，再加水 6000 克，熬成浓缩汁 3000 克，过滤后，两次汁液兑在一起用喷雾器喷雾蝎体、蝎池、垛体，使其表面有雾滴为度，每 3 天喷雾 1 次，连喷 3 次，可杀灭蝎螨和防治黑腐病、斑腐病、软腐病等各种细菌性蝎病。

(8)用"可溶性土霉素粉"50 克，加清洁的饮用水 5000 克，溶解后，投入海绵，让海绵吸饱药液后，盛在小盘里，放到养殖区内让蝎自由吸饮，每 2 天换 1 次，可起到辅助治疗作用。

(9)据试验，用 20%的三氯·哒乳油稀释(成蝎 1500 倍液，幼蝎 2000 倍液后)后，在晚上 8、9 点蝎出窝活动时直接向蝎池喷雾，可直接喷到蝎体上，注意喷瓦片、砖坯垛体的空隙，喷湿为止，喷后最好开门窗 1、2 小时，杀螨效果可达 95%；用 20%的螨卵酯粉剂，加入 400 倍的水，稀释后，拌入养殖池内的饲养土中，拌湿为度，可杀死幼螨和卵。1 周后，再用同样的方法拌 1 次，连用 3 次可根治。

2. 蚂蚁

蝎本身有一股腥臭气味，蝎尸则气味更浓，容易招引蚂蚁。养蝎池内的饵料也会招惹蚂蚁。

危害：蚂蚁虽小，但对蝎的危害很大，最常见的是将蝎爪的关节处咬伤，而后被咬伤处受感染，慢慢变黑变干，最后断掉，最终蝎因无法行走而死亡。另外，在蝎繁殖期间，蚂蚁还会将刚产出的仔蝎从其母背上拖走，造成仔蝎数量减少。还有成百上千的蚂蚁一起进攻一只健康的成年蝎，将它咬死吃掉或拖走，这很常见。

防治方法：

(1)建养蝎池以前，处理好地面，防止蚂蚁打穴进入。检查蝎池饲养土无蚂蚁和蚁卵。

(2)对于没有放养种蝎的蝎房(新建蝎房或迁出后的空房)，用福尔马林封闭熏蒸，几个小时后，再开门通风、清除污气，即可达到灭蚁的目的。此气对人、蝎有害，必须小心使用。

(3)在蚁窝附近，放置煮熟的动物骨头，诱来大批蚂蚁，然后将这根附满蚂蚁的骨头用钳夹起，扔进煤油桶中杀死，或直接投入火中烧死。这种方法，只能杀灭部分蚂蚁，远远达不到根绝目的，可减轻蚁害。但是，这种方法方便易行，且适宜在敞地进行，又对蝎群不产生危害。因此，已经养有蝎的蝎房(棚)除蚁很适用。

(4)用卫生球粉 50 克，植物油 50 克，锯末 250 克，混合拌匀灭蚁。硼砂加白糖撒在养殖区四周，可毒死蚂蚁。

(5)对于能迅速、准确找到蚁穴的情况，也常采取药灌蚁穴的方法进行堵洞灭蚁。用除虫净原液灌入蚁穴，即可在短时间内杀灭蚂蚁及蚁穴中的蚁卵，达到根除。但是，由于除虫净也可毒杀蝎，因此，灌穴时必须距蝎窝 50 厘米左右，灌后立即用塑料膜封盖洞穴，既可防止蚂蚁爬出逃脱，又可防止蝎与之接触而受到影响。

(6)生产中有人将一只用鼠药毒死的老鼠放臭后置入蝎房内蚂蚁较多的地方，然后用一块瓦片将死鼠盖住。因有臭味，蚂蚁便成群结队闻味而来争食，凡吃了死鼠的蚂蚁，在很短的时间内便会死亡，死亡率达 100%。用此方法除蚁一定要在白天进行，白天放死鼠，天黑前拿出来，第二天再用，对已经死了的蚂蚁应及时清除，以防对蝎有害。

3. 壁虎和蜘蛛

危害：一只壁虎，一晚上最多可吃掉几十只小幼蝎，也可吃掉几只成蝎。蜘蛛虽小，但繁殖力强，虽然可作为蝎的食物，但也能对幼蝎造成危害，往往将幼蝎吊起来进行残食。

防治方法：主要以人工捕捉和在蝎房(棚)窗口或蝎池上加装纱网。要经常检查室内墙壁，发现孔洞及时堵塞，防止壁虎和蜘蛛进入。特别在晚间用手电筒检查墙壁，发现壁虎和蜘蛛及时捕捉。

4. 老鼠

对蝎危害较大的啮齿类动物，主要是老鼠。

危害：老鼠不仅吃蝎，而且还将大批蝎一一咬死，并非吃饱即走。加之老鼠天生具有打洞本领，能用锐利的牙及爪掘开干硬的墙壁、地面，进入蝎场。

防治方法：经常检查，严防老鼠侵入，并可用捕鼠器、电子驱鼠器等多种办法诱杀消灭老鼠。还可在蝎房的四周角落上布放灭鼠药毒杀，定时检查，清除死鼠。

5. 其他天敌

除了壁虎、老鼠、蜘蛛、蚂蚁外，家禽，飞鸟、蛇对蝎的侵害也会时常发生。要时刻防备他们接近饲养区，一经发生要立即驱除。同时要因地制宜地搞一些防御设施。

第七章　蝎捕捉及产品加工

在人工养殖条件下，对蝎适时的采毒、加工、出售和保存，是充分利用养蝎设备和场地，省工、省料，加速资金周转，提高经济效益的重要环节。

第一节　蝎的捕捉

蝎第 1 年初伏下种，第 3 年秋季即可收获，约可繁殖 10 余倍。蝎是有毒的，随时可能对侵犯它的对象发起进攻，用毒刺螫扎，轻则疼痛数小时，重则引起呼吸麻痹、心血管高度兴奋，并可能引起中毒死亡。因此，蝎采毒、加工前的捕捉要做好防护工作，穿齐鞋袜，戴上手套，扎紧袖口和裤管，谨防刺伤。

1. 捕蝎工具

捕蝎不能徒手进行，必须有一些必要的捕蝎工具。

(1)镊子、扫帚、撮箕：若养殖数量较少，可用镊子捕捉。镊子要求是软质的，如竹子、木片等作为材料，或者用医用镊子，外面用布包缠。镊子的规格没有严格规定，但要求不能太小，太细，一般以长 15～20 厘米，前端张口 3～5 厘米，钳面宽 1 厘米左右为宜。

(2)手套：手套的作用是防止毒蝎螫伤身体，起防护作用，质地最好为皮革，以减少毒刺穿透的可能。手套腕部要长，最好能套住衣袖，以防万一。

(3)盛蝎的容器：一般可采用塑料桶、盆等。注意容器不可太小，容易装入，一般要求容器带盖，盖上留有通气孔。

除此之外，还应有一些必备的物品，如酒精、手电，还必须配备相关药品，以防被蝎螫伤。

2. 捕蝎方法

若养蝎不多，可用镊子直接捕捉；若养殖数量多，采用瓦式蝎窝、蛋托式蝎窝者可用扫帚直接轻扫入盆、桶内，采用板式蝎窝、巢格垛体式蝎窝者可用扫帚扫入撮箕内再倒入盆、桶内。

若饲养池有出蝎口的，采收时打开养殖池的出蝎口，下放一个塑料盆、桶均可，然后用喷雾器将白酒或酒精由里往外向蝎池内的土、植物或缝隙内喷雾，蝎嗅到酒味后会纷纷爬向出蝎口，掉入盆内。在蝎即将爬满时，要迅速把另一个空盆放到出蝎口下替换。满盆蝎应倒入桶或大的盆内。注意盛器不可太小，以免蝎压死、闷死、逃脱，造成损失。

3. 留种

收完之后，当场选种。应多留雌蝎，适量搭配雄蝎，并将小蝎仍放入房内。下种量约 5～10 千克，以保持繁殖旺盛。

第二节　蝎毒的采集、加工与贮藏

蝎的毒囊位于尾部末端，为一袋状结构，是分泌产生蝎毒的器官。

蝎毒对人类神经系统、心血管系统及能量代谢方面均具有广泛的药理作用，对肿瘤、疼痛、血栓等严重危害人类健康的疾病有特殊疗效。据中国科学院动物研究所测定，东亚钳蝎蝎毒中含有蛋白、透明质酸酶、生物胺等成分，毒素占总蛋白量的60%～70%。目前以蝎毒为主要原料的药物已在日本、新加坡投入批量生产。我国对蝎毒的研究起步较晚，目前我国科研部门对蝎毒的药理分析、采集技术、应用技术方面已进行了深入的研究，并且进入试生产阶段。

一、蝎毒的采集

蝎有一种防御敌害的本能反应，即在捕食或御敌时，释放出毒素来进行自卫。蝎毒的采集就是依据这个道理进行的。

1. 采毒工具

蝎采毒器(见彩图8)，塑料镊子(局部电刺激采毒法必须用塑料镊子，因钢制镊子导电，电流没办法通过蝎，也就不能达到采毒的目的，塑料镊子见彩图9)，存蝎桶(盆)[大(洗衣盆)、小(塑料脸盆)]，蝎除尘盆(见彩图10，可用塑料脸盆在底上用2～3厘米烧红的铁丝打洞，洞要尽量均匀)，集毒器具(含集毒盒、集毒杯)，冰块适量，乳胶手套，酒精，白色工作服，工作帽，口罩，桌子、椅子等。

2. 采毒季节

一般宜在蝎生长发育旺盛的季节采毒。在自然条件下，5～10月份，是蝎活动、觅食、生长、发育的最好季节，也是蝎含毒量最多、品质最好的时节；到10月后，采毒量明显下降；到了冬季，蝎已进入冬眠，不能排毒。若以温度作指标，在20～39℃范围内均可采毒，低于15℃时，则不宜采毒。若打破自然冬眠期，采取加温控温措施养殖，可适当延长采毒期。

3. 采毒对象

一般宜选生长发育正常的4龄蝎就可进行采毒。幼蝎因采毒量小，影响正常生长发育不宜采毒；怀孕早期的孕蝎可以采毒，但不能过度刺激；临产的雌蝎不能采毒，会影响仔蝎的成活率。怀孕雌蝎在采毒后仍然正常产仔，但仔蝎成活率受到影响，这可能是由于在采毒后未补充营养所致。

4. 采毒蝎预处理

采毒时根据养殖方式的不同，采用不同的方法把蝎收集到大的存蝎盆内，将孕蝎、仔蝎、死蝎挑出，同时把杂质挑出。然后倒入除尘盆内存放 2 小时，目的是通过蝎的爬动、相互拭掉身上的泥沙和附着物，防止污染蝎毒。以后每半小时还要掂动几下除尘盆，让尘土从孔中漏出，翻动三、四次后即可采毒。

5. 采毒方法

生产实践证明，以往的电刺激取毒法损害蝎的内脏，蝎死亡率较高。但在此基础上发明的局部电刺激取毒法是目前最先进的采毒技术，已广泛应用于生产。若饲养的蝎数量较少可采用人工刺激法，若饲养的蝎数量较多，养殖者可采用局部电刺激取毒法。

无论采用何种采毒方法，采毒前都要把集毒杯放在装好冰块的集毒盒内(因为温度过高，蝎毒内的活性酶会被破坏，利用冰块降温，可尽量保证采取蝎毒的活性酶。冰块要根据融化的速度及时更换)。采毒前镊子用酒精消毒，集毒杯高温蒸煮消毒后沥干在集毒盒内放好。

(1)人工刺激法：用镊子夹住蝎尾部第 5 节处，毒针对准集毒杯，用棉棒轻轻碰撞它的头胸部或前腹部，受到攻击的蝎便本能地从毒针末端排出毒液(注意夹时不要太用力)。

人工刺激法虽然可以多次采毒且不损害个体，但工效低，采到的毒液量少，因而适合小规模养殖时提取蝎毒。

(2)局部电刺激法：局部电刺激法是用蝎采毒器采集蝎毒的方法(见彩图 11)。此法采毒量大，工效高，操作简单，全年多次采毒而不损伤蝎，是目前最先进而科学的采毒方法。

采毒时工作人员要穿戴洁净的白色工作服和工作帽，双手擦少许滑石粉后戴上乳胶手套。采毒前接通蝎采毒器的电源，把蝎采毒器的电压调到 25 伏（以往的电刺激法电压为 8～12 伏），将采毒器的两根导线联接在塑料镊子的两个夹子。将有脚踏开关的那根放在地上靠近右脚的位置，右手拿起镊子夹住蝎尾部第 5 节处，夹时不能太用力，以防夹伤。夹稳后将毒针对准集毒杯口，脚踏开关通电 1～2 秒，通过电流促进蝎排毒，立即抬脚断开电源即可。如毒刺尖端悬有毒液时，应立即在烧杯内壁上一拭，拭掉毒刺上悬挂的毒液。

（3）注意事项

①在采毒过程中，要严格注意卫生，确保采毒的纯度和质量。

②有个别蝎在通一次电时，不排毒须再通一次电，但通电时间一定要保持在 1～2 秒，不得超过 2 秒，以免烧坏仪器和损伤蝎。

③蝎的排毒量随温度的变化高低而有差异。温度高时则排毒量相对较高，温度低时排毒量相对较低，当温度低于 20℃时，蝎的排毒量则相当低，有的几乎处于停滞状态。当温度低于 10℃时，蝎则停止排毒。因此，常温养殖蝎要采毒，就必须在 5～10 月份气温高于 20℃以上时开始采毒。无论采用何种养殖方式，当养殖房（棚）的温度下降到 15℃以下时，要停止采毒。

6. 采毒量

一般情况下，大约 3000 只成年蝎可采湿毒 3 克，并可制成干毒 1 克。每只蝎一次可产干毒 0.34 毫克左右，雄蝎的个体比雌蝎小，其产毒量也少于雌蝎。

7. 采毒周期

采集蝎毒的周期，应根据蝎体毒腺中毒液分泌的过程及所需要的时间而定。一般每 15 天可采一次毒，不能过于频繁，以免影响蝎的正常生长发育。

8. 采毒后的饲喂

实验证明,采用局部电刺激法采毒对蝎的体况影响不大,也不会影响下一次采毒或致蝎死亡。采毒后的蝎,要尽快放回蝎池。为了使采毒后的蝎恢复体力,应多喂一些黄粉虫等,增加营养,以利下一次采毒。

9. 蝎毒的存放

刚采得的蝎毒为湿毒,其中含有大量的水分等,可放在－10～－15℃的冰柜中暂时保存,但时间不能超过半个月。必须经干燥浓缩为干毒后,才能在低温下保存。

10. 湿毒的运输

若自己有蝎毒干燥设备可自行加工,若没有须送到收购或加工部门进行加工。从养殖场运送新鲜蝎毒液到收购、加工部门或检验部门,必须用广口保温瓶,瓶中加碎冰块降温携带。

二、蝎毒的干燥与贮藏

1. 蝎毒的干燥

蝎毒液成分主要为蛋白质和酶类,容易失去活性。新鲜的蝎毒液为乳白色,应尽快进行干燥。蝎毒干燥的目的,就是尽量除去毒液中的水分,提高蝎毒的稳定性,使之符合规定的标准,便于保存、分析或出售。

常用的干燥方法有两种:若要保持蝎毒中酶的活力,应选用真空冷冻干燥;若仅为了保持毒性,则采用真空干燥即可。

(1)真空干燥(减压干燥):在低压下,使蝎毒液中的水分快速蒸发的方法。真空干燥装置包括真空干燥器、冷凝管和真空泵,干燥器顶部活塞接通冷凝管，冷凝管的另一端依次连接吸滤瓶、干燥塔和真空泵。蒸汽在冷凝管中凝集后滴入吸收瓶中。干燥器中放有干燥剂（如五氧化二磷等）和蝎毒液样品。使用前，先在干燥器活塞四周涂上少许凡士林，然后检查整个装置是否漏气。使用时，先将蝎毒液和干燥剂分别装入平皿中，然后置平皿于干燥器中，此时起动真空泵，抽气至盖子推不动时，先将活塞关闭，然后关闭真空泵。蝎毒干燥后，应缓缓旋开活塞，以防止空气冲散蝎毒干粉。最后在净化条件下取出干粉，立即分装，密封保存。

(2)真空冷冻干燥：干燥时先将烧杯内的液体蝎毒放在冰箱内冰冻。冰冻后移入真空干燥器内，在干燥器的底层放适量的氧化钙作为干燥剂，干燥剂上面覆盖四层新纱布，纱布上面放置装有蝎毒的烧杯，接着用真空泵抽气。抽气过程中，要注意观察，如果发现蝎毒表面产生大量气泡时，就要停止片刻再抽，直至基本干燥，再静放 24 小时，使蝎毒彻底干燥，变成大小不等的颗粒结晶体为止。这就是初加工的粗品蝎毒干粉。刮下干毒粉分装入小瓶，溶蜡密封，贴上标签，注明蝎毒粉的制备日期和重量，外包不透明的黑纸。

2. 蝎毒干粉的保存与运输

影响蝎毒干粉稳定性的主要因素是水分、空气和温度。当干粉含水量低于 10%时，能抑制微生物活性；含水量低于 3%时，可抑制化学活性。所以，应将蝎毒干粉分装在小瓶或试管中，并用熔封或石蜡封口，以隔绝空气，然后置于低温冰箱（－30℃）中保存，其品质可保持 5 年不变。

运送蝎毒干粉至远处，也应采取广口保温瓶降温措施，以防蝎毒蛋白质变性失活。

3. 蝎毒的质量检验

销售蝎毒制品必须提供权威性检验部门的检验报告书。在目前,我国进出口商品检验部门尚无专门的生物毒素检验室,对毒素的检验,尚无国家标准或行业标准。国家进出口商品检验局(武汉)曾与中华生物毒素联合开发中心、武汉大学毒素检验室签订协议,委托武汉大学毒素检验室代为执行此项检验任务,并具有权威性。

第三节　药用全蝎的加工与贮藏

药用全蝎(见彩图 12)采收一般在清明至谷雨期间进行,除留足体壮、个大的种蝎外,剩余的蝎包括已交配过 1 年期的雄蝎或已产过四、五次仔蝎的雌蝎,以及一些残肢、体弱患病和正常死亡的蝎,均可作为淘汰蝎进行采收,尤其是死蝎,更要迅速处理,以免其内脏腐烂变质或因风干而导致体重减轻。

一、药用全蝎的加工

1. 原料的选择

用于加工全蝎的活蝎,应该在清明至谷雨期间捕收,以保证质量。这一期间,蝎刚结束长达几个月的冬眠,开始活动,恢复生机,且并未大量取食长肥,且尚未交配怀仔,加工出成品率较高。此季节的活蝎,每千克可制蝎成品 0.6～0.7 千克,而且颜色纯正,称之为“春蝎”,是蝎中上品。

过了这个采集时期以后,蝎活动日趋增强,食欲剧增,腹内贮存物质多样,而且又处在交配产仔时期。因此,不仅加工出成品率大打折扣,而且加工后色泽不正,品质欠佳,影响其价值。这种“伏蝎”或“秋蝎”，只能算是中下等产品，不可能获得太高的收益。

另一方面在收捕活蝎时，不可避免地混入一些小蝎，应注意加工前进行再次筛选。同时，大量的活蝎装在容器中，也会因挤压、窒息而造成部分活蝎死亡，因此要尽快加工。

2. 全蝎的加工

用于加工制作药用全蝎的用具有锅、笊篱、铁筛、竹席、塑料盆、塑料桶等。

(1)清洗：收捕挑选过的活蝎，腹内及体表都很脏，不能直接加工入药，必须先进行清洗。清洗的方式是将待加工的活蝎投入桶中的清水里，并轻轻用工具捣动、进行淘洗，令其慢慢吐出腹内所食污物，如泥土、沙子等，并漂尽体表泥灰。为了弄干净，捞出后可换水重复淘洗一次。

(2)全蝎的加工：药用全蝎加工方法有咸全蝎和淡全蝎两种，养殖者可根据市场需要加工。

①咸全蝎的加工：由于蝎体内含有大量动物蛋白，煎煮时要用盐水浸泡、蒸煮。配制盐水，一般要求盐水浓度达到 5%～10%，最高不超过 20%，即每千克活蝎用水 2.5 千克，配食盐 200 克。值得注意的是，盐水要先配好，切不可直接将盐撒入煮蝎的锅中，也不可待蝎煮制完毕后再用盐水浸泡。蝎及盐水按要求放入煮锅后，用草席或竹片盖锅，并加压木板锅盖，开始生火煮制。

煮全蝎须用猛火煮制，煮沸 3～4 小时后可进行检查，即用手指捏其尾端，如能挺直竖立，背见抽沟、腹部瘪缩，即可捞出放在席上，置于阴凉通风处晾干，切忌在阳光下暴晒，因为日晒会起盐霜。

②淡全蝎的加工：淡蝎加工需在水中少加点盐，一般每千克活蝎用 30 克食盐。煮的方法同盐蝎。优质的淡全蝎体轻、质脆、气腥、味咸，颜色正，新货有光泽，虫体完整，大小均匀，不返卤，不含盐粒和泥沙等其他杂质。

二、药用全蝎的分级与贮藏

从中医角度上来讲，药用全蝎讲究一个全字。要求虫体完整，大小均匀，色气正的为上等蝎。有些老中医认为，“淡全蝎”比“咸全蝎”好，但“咸全蝎”夏季易返卤，干时则易碎，一般不遭霉变和虫蛀，耐贮藏。

1. 分级

加工后的全蝎，品质不尽一致，一般在装箱贮存前，要进行必要的筛选分类。全蝎质量主要从虫体干湿程度、虫体完整度、均匀度及颜色等方面判定。

优质全蝎，虫体阴干得当，干而不脆，个体大小均匀，虫体完整，没有碎裂及残缺，颜色纯正，呈淡黄棕色，显油润，有光泽。这类全蝎不仅外部品质好，而且内部品质也不错，体内杂质很少。而对于死蝎加工而成的全蝎及其他品质欠佳的成品来说，则往往表现为个体大小不匀，干湿不适度，易碎裂、残缺，而且表面往往有盐粒及杂物，最为明显的是颜色不正，甚至呈青黑色。这类全蝎质量差，易变质，不耐贮存。

2. 贮藏

对于初步分类的成品干全蝎，应及时密封包装贮存。最标准的贮存方法是用一大木箱或纸箱，里面用宽胶条粘严，使之不漏气。保存时，可用防潮纸每 500 克一包放入箱中，或装入布袋内，扎紧袋口。也可将干蝎装入一加厚的塑料袋中(可用几个普通塑料袋叠加代替)，排尽空气，然后密封，运到药材收购部门卖掉或置于干燥、阴凉、避光的地方贮存，每箱重量在 5～25 千克为限。贮存时要注意防潮、虫蛀和鼠咬。

质量较好的全蝎，按上述方法进行密封贮存，可以保存 3 年，不会变质。

3. 药用全蝎的销售

作为一种贵重药材，可在安徽亳州、河北安国、湖北蕲春、江西樟树、广州清平等19个药材大市场（或本地药材公司、医院）销售。

第四节　蝎食谱的制作

近年来，由于人们在饮食方面对营养、风味和保健功能越来越讲究，有不少饭店推出了蝎菜谱，这也是蝎产品的重要销路之一。它吸引了不少养蝎场与饭店建立供销关系，既增加了蝎养殖场与饭店的收入，也有益于消费者的健康。目前在全国各地都有各具特色的蝎食品。据有关人士预测，蝎食用市场将比药用市场更大。

一、活蝎的运输

供应饭店的活蝎根据需求随时都可以捕捉。活蝎的运输不仅要保证运输途中的成活率，而且还要保证到达目的地后的成活率。因此活蝎的运输要与所运蝎的数量大小以及路程远近而采用不同的方法。

1. 塑料桶(箱)运输

塑料桶（箱）运输适宜几千克或十几千克的活蝎，长途或短途都可适用。如果需运输的活蝎只有10千克左右，可用带盖塑料桶运输。一个规格为22升的塑料桶可装2～3千克，根据桶大或桶小适当增减。

装桶（箱）时先将塑料桶（箱）盖用烧红的铁丝穿洞，也可以用电钻穿洞，洞穿得越多越好，洞的大小以不让蝎逃出来为宜，穿洞的目的是为了通风透气。然后在塑料桶（箱）中装入几块消毒好的鸡蛋托，鸡蛋托的高度离桶口5厘米左右（一是为了不让蝎互相挤压；二是能使塑料桶内形成一个暗的环境，避免蝎见光乱爬乱动，产生应激反应）。装好蝎后把桶（箱）盖盖上，两对角粘上透明胶或包装带，使盖不能打开。这样形成了两个防逃的保障，即蝎在开盖时不能爬上塑料桶，方便装蝎，而盖上盖后，即使桶（箱）意外倒伏，蝎也不能从里面爬出来。若长距离运输可在桶（箱）中放些饵料虫。

2. 塑料盆法运输

塑料盆法运输一般选用方形塑料盆，因方形盆能重叠多层，而若只放一层可用圆形塑料盆。方形盆用装面包等糕点的那种就可以，每盆一般可装5～6千克。

塑料盆装蝎时首先在塑料盆离盆口2厘米处，沿四周打1排或2排孔，打孔方法、大小及数量同桶装法。把消毒好的鸡蛋托放几块到塑料盆中，然后把蝎倒进去，规格为60厘米×40厘米×30厘米的盆可装5千克，盆大或盆小可适当增减。若量不是很大，用不着叠装多层，可在盆口封上纱窗网，而盆口周围不再打孔。但是用这种盆运法基本采用叠装法，即一个方形盆叠一个方形盆，高度一般3层或4层，要求稳固不倒即可。为了增强盆的稳固性，每一叠盆的盆与盆之间，每一叠与每一叠之间可用5厘米宽的透明胶或包装带连好，这样把全部盆连成一体，非常牢固。

这种方法可长途运输，若是盆中放些饲料虫，一般3～5天问题不大。它的运量较大，一般载重量1吨的货车一次能运500千克左右，且伤亡较少。

3. 编织袋法运输

编织袋法运输准确地说是尼龙编织袋及运输箱法运输。该法适用于大量运输。但运输途中不宜超过 1 天,更不能超过 2 天。

运输前先把蝎装入洁净、无破损的尼龙编织袋中,每袋重量在 1.5 千克左右,然后把编织袋平放在运输箱中,运输箱要具备良好的通风性能(四周打孔)。蝎放好以后用透明胶带或包装胶带封好。在运输过程中要尽可能地减少颠簸。夏季运输时要注意预防高温,冬季要防寒。

二、蝎的临时存放

(1)将活蝎放置于桶、深点的盆即可,底部铺一层潮湿的细沙。

(2)一次性将蝎炸熟放入袋中封口,存放于冷冻柜中,等待食用时取。

(3)将活蝎放在密闭容器,直接放入冰箱冷冻室储存,等需要食用时取出洗净加工即可。

三、蝎食谱

加工时清洗和取拿活蝎,不要直接用手拿,一定要用筷子,洗完后用笊篱捞出控水。同时在加工过程中动作一定要轻,以免它的腿会被碰掉下来,影响美观。吃蝎时要把尾巴上的毒针摘下,防止扎到牙龈。

1. 油炸全蝎

原料:活蝎 100 克,食用油 150 克,盐水适量。

制作:将蝎用清水清洗 3 遍左右,可以用筷子轻轻搅动,至盆内水清澈无土渣为止,然后用笊篱把蝎捞出沥干水分,均匀撒入细盐适量,腌制 15 分钟至半小时。取适量油放入锅内,待油开(一定要小火,油温不可过热)。油开后将蝎倒入锅中炸,保持小火,慢慢翻动，炸至表皮蓬松呈金黄色，捞出拌入佐料即可食用。

2. 蛋炒全蝎

原料：活蝎 7 条，鸡蛋 2 个，食用油、食盐各适量。

制作：活蝎洗净后，放入食用油锅内炒焦后，打入鸡蛋 2 个，蛋熟盛出食用。

3. 醉全蝎

原料：活蝎适量，白酒适量。

制作：将活蝎用盐水洗净，控水。用筷子或镊子将蝎夹住，用剪刀把尾部的毒针尖剪掉后放入白酒中浸泡至蝎麻醉，捞出即可食用。

4. 全蝎酒

原料：活蝎 50 条，白酒 200 克。

制作：蝎放清水中洗净后，投入白酒中，密封浸泡 20 天后饮用。

5. 蝎炖龟汤

原料：蝎 50 克，龟 400～500 克，瘦肉 150 克，鸡肉 150 克，鲜土茯苓 150 克，桂圆肉 6 克。

制作：将全部材料洗净。将所有材料放进瓦煲里，过面水。大火煲滚，再转小火慢熬 4 小时。依据个人口味酌量加盐、味精等调味料。

6. 群蝎仙君

原料：活蝎 40 只，鲜贝 400 克，菜松 50 克，精盐 3 克，料酒 5 克，味精 2 克，淀粉 50 克，花生油 500 克。

制作：将洗净后的蝎放入八成热油锅内炸酥待用。鲜贝去掉筋和黑线，放碗里加淀粉蛋清抓匀，取炒锅滑散沥油，锅内加油烹制好了放入菜盘中间，菜松围边，菜松上放入炸好的蝎即可。

7. 蝎兔同居

原料：活蝎 40 只，精兔肉 400 克，红、绿青椒各 20 克，菜松 50 克，淀粉、精盐各 3 克，味精 2 克，料酒 5 克，花生油 500 克，鸡蛋 1 个。

制作：将洗净后的蝎下入八成热的锅内，炸酥捞出待用。将精兔肉切成麦秆丝状，取炒锅把抓匀的兔丝滑开沥油，炒锅放油下葱、姜炒配料，加调料定好味倒入滑散的兔丝，翻匀装盘，菜松围边，放上炸酥的钳蝎即可。

8. 全蝎戏珠

原料：活蝎 40 只，鹌鹑蛋 24 只，红萝卜丝 80 克，料酒 5 克，精盐 3 克，味精 2 克，三味油（葱、姜、花椒炸制的植物或动物油）50 克，淀粉 25 克，葱、姜各 30 克。

制作：将洗净后的蝎放入八成热油锅，炸酥沥油待用。将鲜鹌鹑蛋放水里煮熟，剥皮放在碗里，加盐、味精、葱、姜，腌制 20 分钟，油锅加花生油烧至八成热，把红萝卜丝炸酥捞出沥油，然后炒锅内加三味油，把腌好的鹌鹑蛋烧制，定好味勾芡出锅装盘，炸酥的红萝卜丝围边，放上炸酥的蝎即可。

9. 蝎茸羊羹

原料：活蝎 40 只，鲜羊肉 1000 克，冬笋 20 克，蘑菇 20 克，香菇 20 克，淀粉 25 克，花椒 20 粒，香菜 15 克，精盐 2 克，料酒 5 克，味精 2 克，葱、姜各 25 克，花生油 500 克。

制作：将洗净后的蝎放入八成热花生油锅中炸酥捞出，斩成茸；取汤锅，下入 1000 克羊肉，加葱、姜、花椒，打净沫子用火炖烂，捞出切丁，把香菜切段，炒锅放煮肉的原汤，加入羊肉丁和配料，定好味，勾汤芡即可出锅装大汤碗，中间放上斩好的蝎茸，半边围着一卷香菜即可。

10. 蝎蟹同居

原料：活蝎 40 只，螃蟹 4 只，虾片 15 片，姜汁 25 克，香油 10 克，米醋 50 克，酱油 25 克，花生油 500 克，清汤 2000 克。

制作：将洗净后的蝎放入八成热的花生油锅中炸酥待用；把蟹洗净后上笼蒸熟，装入盘中；把虾片用油炸酥，围一圈，每个虾片上放上炸好的钳蝎，随调好的调料汁一同上桌。

11. 一品鱼糕

原料：活蝎 40 只，草鱼 1400 克，菜心 10 颗，樱桃 1 颗，上汤 100 克，精盐 3 克，味精 2 克，料酒 10 克，三味油（花椒、姜、葱炸制的花生油或猪油）50 克，香菜叶 10 克，黄、红蛋糕 25 克。

制作：草鱼宰杀洗干净，去骨剔净肉，再去皮后用清水略泡，除去血水，用白的鱼肉捶成鱼茸，把适量猪油放入盆内，用手顺一个方向搅均匀，成雪白，然后加精盐、蛋清、水、淀粉，搅上劲，下鱼茸继续搅，搅匀上劲即可；在 12 个小汤勺内，抹上猪油，把制好的酿子取出 1/4 待用；取炒锅加入花生油，把 40 只钳蝎炸酥，切斩茸放碗内，取 1/4 的鱼茸和蝎茸搅匀，把鱼茸用竹板抹小汤勺 1/4 后，搅好的蝎茸分 12 份放汤勺内，上盖鱼茸抹平，用香菜叶和蛋糕点缀成花的图案，上笼蒸 5 分钟，待熟后抹入盘子，围边摆好，把菜心烧好味，1 个酿子放 1 颗菜心，中间放 1 颗樱桃，用鲜汤兑成鲜味汁，烹好汁浇在鱼糕和菜心上即可。

12. 凤戏全蝎

原料：活蝎 40 只，鲜鸡脯 400 克，鸡头、鸡翅，青椒 20 克，淀粉 50 克，蛋清 1 个，精盐 3 克，味精 2 克，料酒 5 克，虾片 15 片，花生油 500 克，香菇 10 克，西红柿 10 克。

制作：将洗净后的蝎放油锅炸酥；虾片炸酥捞出待用；将鲜鸡

脯片放碗里，加淀粉、蛋清搅匀，取炒锅滑开把鸡片滑嫩；把青椒、西红柿切片。取炒锅加油放配料，加清汤、调料，勾溜芡倒入滑散的鸡片，翻锅匀即可装盘。把鸡头、鸡翅放油里炸熟，按鸡形摆好。虾片放两边，蝎分放虾片上，把炒好的鸡片倒入盘内即可。

13. 群蝎戏虾

原料：活蝎 40 只，虾仁 400 克，蛋皮丝 70 克，蛋清 25 克，淀粉 50 克，精盐 3 克，料酒 5 克，味精 2 克，花生油 500 克，葱、姜各 20 克。

制作：将洗净后的蝎放入花生油锅内炸酥；将虾仁用水冲洗干净，加调料腌制，加蛋清淀粉抓匀，取炒锅滑光；把虾仁滑散沥油，取炒锅加油，下调料炒好翻锅，装入盘内，把蛋丝围虾仁一周，把炸好的蝎放在蛋丝上即可。

14. 珊瑚全蝎

原料：活蝎 40 只，粉丝 25 克，香菜 15 克，橘瓣 8 瓣，樱桃 3 颗，花生油 500 克。

制作：将洗净后的蝎放入八成热的花生油锅里炸酥；把粉丝炸成珊瑚状放入大的扒盘内，用橘瓣拼 2 朵菊花，用樱桃和香菜点缀，把炸好的钳蝎放在炸好的珊瑚状粉丝上即可。

15. 龙戏钳蝎

原料：活蝎 40 只，鲜鳝鱼 500 克，小豆芽 100 克，料酒 10 克，味精少许，香菜 15 克，葱、姜丝各 20 克，花生油 500 克，淀粉 50 克，三味油（用花椒、葱、姜炸制的植物或动物油）50 克，虾片 10 片。

制作：将洗净后的蝎放入热油锅内炸酥待用；把虾片炸酥捞出待用；活鳝鱼宰杀去骨切麦秆粗丝状，放碗内加调料、淀粉抓匀，小豆芽去掉两头，葱、姜、蒜、香菜均切末，取炒锅加花生油，把抓匀的鳝丝滑散;沥油锅内加适量油,下配料加好味,倒入滑好的鳝丝,翻匀即可出锅装盘。在鳝鱼中间用勺压个鳖,把蒜、葱、姜丝放里边,香菜撒一圈,用三味油烹一下盘边,把虾片围一圈,每个虾片上放几个钳蝎即可。

16. 钳蝎竹板鱼

原料:鲜活全蝎 40 只,草鱼 1 条(1500 克),火腿 25 克,水发香菇 20 克,花生油 500 克,鲜毛竹 30 厘米长、6 厘米宽,鲜大叶竹叶 2 片。

制作:用 2000 克清水加 200 克盐化开,将活全蝎 40 只放入,使其吐净肚里泥沙和去毒,一般 4～6 小时后即可下油锅炸酥,捞出斩茸待用。将草鱼制净、去骨皮、修成 4 厘米厚、6 厘米宽一字形,用刀切成 4 刀花刀,共 10 块,放入碗内,加料酒、精盐、味精、胡椒粉、葱姜汁腌制 15 分钟。把水发香菇修成 3 厘米长、1.5 厘米宽的长方形片,把火腿和香菇切成同样大小的片,取出腌制的 4 刀鱼,边夹 1 片火腿,中间夹新斩好的蝎茸,再夹 1 片香菇。把蝎茸分为 10 份,1 次做完。取鲜毛竹用刀劈两半,一半用刀拍平成竹板,另一半用刀修好,刻成"全蝎竹板鱼"的字样,然后取拍平的竹板铺 1 片竹叶,以字样放好夹香菇、蝎茸和火腿的精肉,盖上 1 片竹叶,再盖上刻有"全蝎竹板鱼"字样的竹板。上蒸笼蒸 18 分钟至熟,即可点缀几片竹叶上桌。

17. 钳蝎荷叶鸡

原料:活全蝎 20 只,鲜鸡脯肉 400 克,蘑菇 15 克,香菇 15 克,虾片 10 片,精盐 3 克,味精 2 克,料酒 5 克,葱、姜丝各 10 克,鲜荷叶 4 张,花生油 500 克。

制作:1000 克清水内加 100 克精盐化开,将鲜活全蝎放入,让其不断喝清汤吐净肚子里的泥沙,待 4～6 小时捞出,下六七成热油炸酥后捞出,再把 10 片虾片炸酥捞出待用。把鸡脯肉切片放入碗内，把蘑菇、香菇切均匀放入碗内，放精盐、味精、料酒、葱姜丝，搅匀腌制。取3张荷叶修成10张扇形片，把腌制好的鸡肉分别包入10片荷叶内，上笼蒸10分钟即可。取另一片荷叶修好放入大扣盘内，用西红柿刻一朵荷花摆放荷叶中间，再用橘瓣、樱桃点缀，把蒸好的荷叶鸡放周围，每个荷叶间放入1片虾片，每个虾片上放两只蝎即可上桌。

18. 钳蝎戏鲍鱼

原料：活钳蝎30只，鲍鱼1筒，冬笋50克，香菇20克，熟鸡脯30克，葱、姜丝各25克，精盐3克，料酒10克，味精2克，花生油500克，黄蛋皮丝50克。

制作：将1500克清汤内加100克精盐化开，放入活钳蝎，让钳蝎吐净肚子里的泥沙，一般4～6小时后捞出，放入八成热油里炸酥待用；把鲍鱼片装入碗内，修下的边切丝；把熟鸡脯切丝；冬笋、香菇均切丝；加精盐、味精、料酒，定好味加50克花生油装入鲍鱼片碗内，上笼蒸40分钟，除去汤汁扣入大扣盘中间，围上切好的蛋皮丝，放上炸酥的钳蝎即可上桌。

19. 钳蝎牛羹

原料：活蝎40只，鲜牛肉1000克，淀粉50克，精盐3克，料酒5克，味精2克，葱、姜各20克，花生油500克，香菜15克，核桃仁15克，三味油（花椒和葱、姜炸制的植物或动物油）50克，桂皮5克，丁香1克，香菇20克，冬笋20克，蘑菇20克，青豆10克。

制作：2000克清汤内加200克精盐化开，将鲜活钳蝎放入，让其吐净肚里的泥沙，一般4～6小时后捞出，放入八成热油锅中炸酥，捞出用勺沥油待用；取汤锅把牛肉用开水烫后放入锅内，加葱、姜，把三味调料用纱布包起来放汤锅内和牛肉一起焖煮，煮至牛肉酥烂，捞出牛肉切丁；将香菇、冬笋、蘑菇均切丁；锅内加煮牛肉的汤，放牛肉和配料，加调料定好味，勾米汤芡、撒青豆即可装入大汤碗。把炸好的钳蝎用刀斩成茸，用三味油烹一下，放盆中间，把香菜切成段围四周，即可上桌。

第五节 蝎药方的制作

1. 烧伤

原料：活蝎 30～40 只，油 500 克。

制作：活蝎放入油中浸泡 12 小时以上，将伤面水疱剪破，涂抹此油。

2. 小儿百日咳

原料：全蝎 1 只。

制作：全蝎炒焦为末，用熟鸡蛋一个蘸食之。每日 2 次，3 岁以下酌减，5 岁以上的酌增。

3. 肛门周围炎

原料：全蝎 40 克。

制作：全蝎研极细末。每晚睡前以白开水送服，每次 3 克，每日 1 次。另以 10 克蝎末与护肤霜和匀，每晚于睡前将患处洗净后涂擦。1 日见效，3 日症状消失，再治 5 日以巩固疗效。

4. 乳腺疾病

原料：全蝎 160 克，瓜蒌 25 个。

制作：将瓜蒌开孔，把蝎分装于瓜蒌内，放在瓦上晾干后研细末，日服 3 次，每次 3 克。

5. 化脓性中耳炎

原料：全蝎、枯矾各等份。

制作:全蝎、枯矾研细末,将患耳处洗净擦干,撒入药粉少许,每日 1 次。连用 3～5 天可愈。

6. 偏头疼

(1)原料:全蝎、钩藤、紫河车各 18 克。

制作:诸药共研细末装胶囊(每粒含生药 0.3 克)。每次服 3 粒,每日 3 次。稳定后药量酌减,每日或隔日服 3 粒以巩固疗效。

(2)原料:全蝎(半炒半生)、藿香、麻黄、细辛各 18 克,薄荷 50 克。

制作:将诸药捣碎,入酒 1.5 千克,浸泡 5～10 天,滤出药液。饭前饮 50 克左右,每日 2～3 次。

7. 慢性气管炎

原料:全蝎 5 条。

制作:水煎服。

8. 流行性腮腺炎

原料:蝎尾 1 节。

制作:取蝎尾节,置于直径 2 厘米的橡皮膏正中,贴于下颌角下方正对肿大的扁桃体外面的皮肤上。若双侧肿大,则两侧同用。一般贴 12 小时即能收效。

9. 骨质增生

原料:全蝎、穿山甲、桃仁、红花、甘草各 18 克,蜈蚣 6 条。

制作:诸药晒干(全蝎、蜈蚣烘干),研细末,过 100 目筛,分 30 包,每晚温黄酒冲服 1 包,30 天为 1 个疗程。

10. 颈椎增生

原料:乌梢蛇、白花蛇、赤勺、苏木、防风、独活、威灵仙、透骨草各15克;全蝎、土元、川芎、红花、桃仁、牛膝、枸杞、甘草各10克,地龙、桂枝、制乳香、制没药各12克,当归、黄芪各20克,蜈蚣3条。

制作:将诸药入白酒2000克,浸泡7天后每日早、晚各服15克。

11. 类风湿性关节炎

(1)原料:马钱子、全蝎、当归、红花各250克。

制作:诸药烘干研细面,制水丸,每丸重0.13克,早、晚各1次,每次5～8丸。

(2)原料:当归15克,熟地15克,苍耳子10克,蜂房10克,乌蛇20克,土鳖虫10克,全蝎3克,蜈蚣2条,山甲珠10克,山龙30克,淫羊藿20克,鸡血藤25克,蜣螂5个,海桐皮15克。

制作:水煎服,每日1剂,日服2次。

12. 坐骨神经痛

(1)原料:乌梢蛇、蝮蛇各10克,全蝎5克。

制作:诸药研末,分成8包,温开水送服,首日上、下午各1包,余日每日上午1包,7日为1疗程。

(2)原料:红花12克,桃仁15克,全蝎粉3克。

制作:加水煮汤,30分钟后加入全蝎粉3克,饮用。

(3)原料:全当归、川断各15克,嫩桂枝、酒杭芍、小木通、干地龙、香独活、防己、宣木瓜各10克,北细辛、生甘草各3克,全蝎5克,川蜈蚣3条,川牛膝12克。

制作:水煎服,每日1剂,日服2次。

13. 各种痹证

原料:白花蛇1条,蕲蛇、乌梢蛇、防己、防风、生地、羌活、忍冬藤、海风藤、金雀花根、桑枝、黄芪、甘草各30克,蜈蚣5条,全蝎、蜣螂虫各 10 克,露蜂房 15 克。

制作:诸药捣碎,加入高粱酒 2500 克,2 周后可服。每次 10～15 克,水酒调服。亦可制成丸(片)剂。

14. 面神经麻痹

原料:秦艽、白芍、茯苓各 15 克,川芎、当归、白附子、僵蚕、全蝎、羌活各 10 克,生地 18 克,防风 6 克,白术 12 克。

制作:水煎服,每日 1 剂,日服 2 次。

15. 骨髓炎

原料:全蝎 15 条,马钱子半粒。

制作:烘干研细面,蜂蜜冲服。3 个月可治愈。

16. 食道癌、胃癌

原料:露蜂房、全蝎各 40 克,山慈姑、白僵蚕各 50 克,蟾蜍皮 30 克。

制作:以上 5 味捣碎,置净器中,用酒 1000 克浸之,经 7 日后开取。每日 3 次,每次空腹饮 10～15 克。

参 考 文 献

1. 潘红平,宋月家. 蝎高效养殖技术一本通. 北京:化学工业出版社,2010
2. 刘炳仁. 蝎养殖与加工新技术. 北京:科学技术文献出版社,2000
3. 贾荣涛. 蝎无冬眠养殖技术. 郑州:河南科学技术出版社,1998
4. 戈朗,宋大祥. 养蝎技术. 北京:金盾出版社,1993
5. 赵喜伦. 养蝎手册. 北京:中国农业大学出版社出版,2001
6. 郑超. 蝎养殖. 北京:科学技术文献出版社,1999
7. 高君端等. 蝎养殖明白书. 济南:山东科学技术出版社,2000
8. 刘文晋. 怎样养蝎. 天津:天津科学技术出版社,1993
9. 谢宝玲等. 人工养蝎诀窍. 南宁:广西科学技术出版社,2001
10. 徐晋佑等. 蝎高效养殖技术. 广州:广东科学技术出版社,2001
11. 张海等. 蝎养殖新法. 南京:江苏科学技术出版社,2000